新微分積分Ⅰ問題集

改訂版 大日本図書

「新微分積分Ⅰ問題集改訂版」訂正表（2刷用）

ページ	該当箇所	訂正前	訂正後
83	右段 138(2)	$\displaystyle\lim_{\Delta x_k \to \infty} S_\Delta$ を求めよ.	$\displaystyle\lim_{\Delta x_k \to 0} S_\Delta$ を求めよ.

2024.1.5　大日本図書

　数学の内容をより深く理解し，学力をつけるためには，いろいろな問題を自分の力で解いてみることが大切なことは言うまでもない．本書は「新微分積分 I 　改訂版」に準拠してつくられた問題集で，教科書の内容を確実に身につけることを目的として編集された．各章の構成と学習上の留意点は以下の通りである．

(1) 各節のはじめに**まとめ**を設け，教科書で学習した内容の要点をまとめた．知識の整理や問題を解くときの参照に用いてほしい．

(2) Basic（基本問題）は，教科書の問に対応していて，基礎知識を定着させる問題である．右欄に教科書の問のページと番号を示している．**Basic** の内容については，すべてが確実に解けるようにしてほしい．

(3) Check（確認問題）は，ほぼ **Basic** に対応していて，その内容が定着したかどうかを確認するための問題である．1 ページにまとめているので，確認テストとして用いてもよい．また，**Check** の解答には，関連する **Basic** の問題番号を示しているので，**Check** から始めて，できなかった所を **Basic** に戻って反復することもできるようになっている．

(4) Step up（標準問題）は基礎知識を応用させて解く問題である．「例題」として考え方や解き方を示し，直後に例題に関連する問題を取り入れた．**Basic** の内容を一通り身につけた上で，**Step up** の問題を解くことをすれば，数学の学力を一層伸ばし，応用力をつけることが期待できる．

(5) 章末には，**Plus**（発展的内容と問題）を設け，教科書では扱っていないが，学習しておくと役に立つと思われる発展的な内容を取り上げ，学生自らが発展的に考えることができるようにした．

(6) Step up と **Plus** では，大学編入試験問題も取り上げた．

(7) Basic と **Check** の解答は，基本的に解答のみである．ただし，**Step up** と **Plus** については，自学自習の便宜を図って，必要に応じて，問題の右欄にヒントを示すか，解答にできるだけ丁寧に解法の指針を示した．

　数学の学習においては，あいまいな箇所をそのまま残して先に進むことをせずに，じっくりと考えて，理解してから先に進むといった姿勢が何より大切である．

　授業のときや予習復習にあたって，この問題集を十分活用して工学系や自然科学系を学ぶために必要な数学の基礎学力と応用力をつけていただくことを期待してやまない．

令和 3 年 10 月

編者

1章	微分法	
❶ 関数の極限と導関数	2	70
❷ いろいろな関数の導関数	9	72
Plus	15	74

2章	微分の応用	
❶ 関数の変動	18	75
❷ いろいろな応用	24	78
Plus	29	81

3章	積分法	
❶ 不定積分と定積分	32	83
❷ 積分の計算	39	85
Plus	45	87

4章	積分の応用	
❶ 面積・曲線の長さ・体積	52	89
❷ いろいろな応用	58	90
Plus	65	92

目次

1章 微分法

1 関数の極限と導関数

まとめ

●**極限値の性質**　極限値 $\lim\limits_{x \to a} f(x)$, $\lim\limits_{x \to a} g(x)$ が存在するとき

$$\lim_{x \to a}\{f(x) \pm g(x)\} = \lim_{x \to a} f(x) \pm \lim_{x \to a} g(x) \qquad (複号同順)$$

$$\lim_{x \to a} cf(x) = c \lim_{x \to a} f(x) \qquad\qquad (c は定数)$$

$$\lim_{x \to a}\{f(x)g(x)\} = \lim_{x \to a} f(x) \lim_{x \to a} g(x)$$

$$\lim_{x \to a} \frac{f(x)}{g(x)} = \frac{\lim\limits_{x \to a} f(x)}{\lim\limits_{x \to a} g(x)} \qquad (ただし\ g(x) \neq 0,\ \lim_{x \to a} g(x) \neq 0)$$

●**微分係数（変化率）**

$$f'(a) = \lim_{z \to a} \frac{f(z) - f(a)}{z - a} = \lim_{h \to 0} \frac{f(a + h) - f(a)}{h}$$

●**導関数**

$$f'(x) = \lim_{z \to x} \frac{f(z) - f(x)}{z - x} = \lim_{h \to 0} \frac{f(x + h) - f(x)}{h}$$

$$= \lim_{\Delta x \to 0} \frac{\Delta y}{\Delta x} = \lim_{\Delta x \to 0} \frac{f(x + \Delta x) - f(x)}{\Delta x}$$

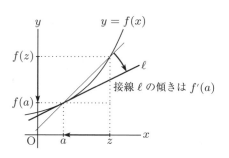

接線 ℓ の傾きは $f'(a)$

●**導関数の性質**　c, a, b を定数とするとき

$$(c)' = 0, \quad (cf)' = cf', \quad (f \pm g)' = f' \pm g' \quad (複号同順)$$

$$(fg)' = f'g + fg' \qquad\qquad\qquad (積の微分公式)$$

$$\left(\frac{f}{g}\right)' = \frac{f'g - fg'}{g^2} \quad (ただし\ g \neq 0) \qquad (商の微分公式)$$

$$\{f(ax + b)\}' = af'(ax + b)$$

●**導関数の公式**

$$(x^r)' = rx^{r-1} \quad (x > 0,\ r は有理数)$$

$$(\sin x)' = \cos x, \quad (\cos x)' = -\sin x, \quad (\tan x)' = \frac{1}{\cos^2 x}$$

$$(e^x)' = e^x, \quad (\log x)' = \frac{1}{x}, \quad (\log|x|)' = \frac{1}{x}$$

$$(a^x)' = a^x \log a, \quad (\log_a x)' = \frac{1}{x \log a} \quad (a > 0,\ a \neq 1)$$

●**三角関数・指数関数の極限値**

$$\lim_{\theta \to 0} \frac{\sin \theta}{\theta} = 1, \quad \lim_{z \to 0} \frac{e^z - 1}{z} = 1, \quad \lim_{t \to 0}(1 + t)^{\frac{1}{t}} = \lim_{x \to \pm\infty}\left(1 + \frac{1}{x}\right)^x = e$$

Basic

1 次の極限値を求めよ.　　　　　　　　　　　　　　　　　　　　　→ 教 p.7 問·1

(1) $\lim_{x \to 2} x^3$ 　　　　　　　　　　　　(2) $\lim_{x \to 0} 3^x$

(3) $\lim_{x \to 0} \cos x$ 　　　　　　　　　　　(4) $\lim_{x \to 1} \log_2 x$

2 次の極限値を求めよ.　　　　　　　　　　　　　　　　　　　　　→ 教 p.8 問·2

(1) $\lim_{x \to 1} (x^2 + 1)$ 　　　　　　　　　(2) $\lim_{x \to 1} \cos \pi x$

(3) $\lim_{x \to 1} \dfrac{x + 2}{x - 2}$ 　　　　　　　　(4) $\lim_{x \to 0} (\sin^2 x + 2^x)$

3 次の極限値を求めよ.　　　　　　　　　　　　　　　　　　　　　→ 教 p.8 問·3

(1) $\lim_{x \to 0} \dfrac{3x^2 + 2x}{2x}$ 　　　　　　　(2) $\lim_{x \to 2} \dfrac{x^2 - 3x + 2}{x - 2}$

(3) $\lim_{x \to -1} \dfrac{2x^2 + 3x + 1}{x^2 + 3x + 2}$ 　　　　(4) $\lim_{x \to 1} \dfrac{x^4 - 1}{x - 1}$

4 次の極限値を求めよ.　　　　　　　　　　　　　　　　　　　　　→ 教 p.10 問·4

(1) $\lim_{x \to \infty} \dfrac{4x + 1}{2x + 1}$ 　　　　　　(2) $\lim_{x \to -\infty} \dfrac{2x^2 + 1}{x^2 + 2x - 1}$

(3) $\lim_{x \to \infty} \dfrac{3x + 2}{x^2 + x + 1}$ 　　　　(4) $\lim_{x \to \infty} \dfrac{\sqrt{2x^2 + 3}}{x}$

5 次の極限値を求めよ.　　　　　　　　　　　　　　　　　　　　　→ 教 p.10 問·5

(1) $\lim_{x \to \infty} \left(\sqrt{x^2 + 3} - x \right)$ 　　　　(2) $\lim_{x \to \infty} \left(\sqrt{x^2 - 1} - x \right)$

(3) $\lim_{x \to \infty} \left(\sqrt{x^2 + 3x} - x \right)$ 　　　(4) $\lim_{x \to \infty} \left(\sqrt{x^2 - x} - x \right)$

6 次の値を求めよ.　　　　　　　　　　　　　　　　　　　　　　　→ 教 p.11 問·6

(1) 関数 $y = 2x^2$ の 1 から 4 までの平均変化率

(2) 関数 $y = 2x^2$ の a から b までの平均変化率

(3) 関数 $y = 2x$ の a から b までの平均変化率

7 次の微分係数を定義に従って求めよ.　　　　　　　　　　　　　　→ 教 p.12 問·7

(1) $f(x) = x^2$ の $x = 2$ における微分係数

(2) $f(x) = x^2$ の $x = -1$ における微分係数

8 $f(x) = 3x^2$ について,$f'(a)$ を求めよ. また, グラフ上の点 $(1,\ 3)$ における接　→ 教 p.12 問·8
線の傾きを求めよ.

9 次の関数の導関数および $x = 1$ における微分係数を求めよ.　　　→ 教 p.14 問·9

(1) $y = x^3 + 1$ 　　　　　　　　　　(2) $y = x^2 + 2x$

10 次の関数を微分せよ. → 教 p.16 問·10

(1) $y = 5x^3$

(2) $y = x^2 - \sqrt{2}$

(3) $y = \dfrac{1}{4}(3x^4 - 4x^2)$

(4) $y = \dfrac{x^4 - x^2}{2}$

11 次の関数を微分せよ. → 教 p.17 問·11

(1) $y = (x + 3)(2x - 3)$

(2) $y = (2x - 1)(x^2 + 3x - 1)$

(3) $s = (t^2 + 2)(t^3 + 1)$

(4) $y = \dfrac{3x}{x - 2}$

(5) $s = \dfrac{1}{t + 2}$

(6) $y = x^3 + \dfrac{2}{x - 1}$

(7) $y = \dfrac{2x - 3}{x + 1}$

(8) $y = \dfrac{x^2}{x - 1}$

12 次の関数を微分せよ. → 教 p.18 問·12

(1) $y = (x + 1)(x - 2)(x + 3)$

(2) $s = (t^2 + 1)(t^2 - 2)(t^2 + 3)$

13 次の関数を微分せよ. → 教 p.18 問·13

(1) $y = \dfrac{1}{x^4}$

(2) $s = \dfrac{2}{t^5}$

(3) $y - 2x^{-3} + 3x^{-4}$

(4) $s - 2t^3 + \dfrac{1}{t^2}$

(5) $y = \dfrac{x + x^{-1}}{2}$

(6) $y = \dfrac{x^3}{3} + \dfrac{1}{x^3}$

14 次の関数を微分せよ. ただし, $x > 0$ とする. → 教 p.19 問·14

(1) $y = x^{\frac{4}{3}}$

(2) $y = x^{\frac{3}{4}}$

(3) $y = \sqrt[3]{x^5}$

(4) $y = x^2\sqrt{x}$

15 次の関数を微分せよ. ただし, $x > 0$ とする. → 教 p.19 問·15

(1) $y = (x - 1)\sqrt{x}$

(2) $y = \dfrac{\sqrt{x}}{x + 2}$

16 次の関数を微分せよ. → 教 p.20 問·16

(1) $y = (-3x + 2)^3$

(2) $y = (3x + 2)^{\frac{5}{3}}$

(3) $y = \sqrt[3]{(3x + 2)^4}$

(4) $y = \dfrac{1}{(-3x + 2)^5}$

17 次の極限値を求めよ. → 教 p.22 問·17

(1) $\displaystyle\lim_{\theta \to 0} \dfrac{\sin 3\theta}{2\theta}$

(2) $\displaystyle\lim_{\theta \to 0} \dfrac{\theta}{\sin 3\theta}$

(3) $\displaystyle\lim_{\theta \to 0} \dfrac{1 - \cos 3\theta}{\theta^2}$

18 次の関数を微分せよ.　→教 p.23 問·18

(1) $y = \sin x - \cos x$ 　　　　(2) $y = \sin x \tan x$

19 次の関数を微分せよ.　→教 p.23 問·19

(1) $y = \sin(2x + 3)$ 　　(2) $y = \cos(2 - 3x)$ 　　(3) $y = \tan 2x$

20 次の関数を微分せよ.　→教 p.24 問·20

(1) $y = e^{3x}$ 　　　　　　　　　(2) $y = x\,e^x$

(3) $y = e^x \cos x$ 　　　　　　(4) $y = e^x \tan x$

(5) $y = e^{2x} \sin 3x$ 　　　　(6) $y = e^{2x} \tan 3x$

(7) $y = \dfrac{e^x}{x^2}$ 　　　　　　　(8) $y = \dfrac{x}{e^x}$

(9) $y = \dfrac{1}{\sqrt[3]{e^x}}$ 　　　　　　(10) $y = \dfrac{x}{\sqrt{e^x}}$

21 次の値を求めよ.　→教 p.25 問·21

(1) $\log e^2$ 　　　　(2) $\log \dfrac{1}{e^3}$ 　　　　(3) $\log \dfrac{1}{\sqrt{e}}$

22 次の関数を微分せよ.　→教 p.25 問·22

(1) $y = x^2 \log x$ 　　(2) $y = \log(4x + 3)$ 　　(3) $y = \log(-2x)$

23 次の関数を微分せよ.　→教 p.26 問·23

(1) $y = 3^x$ 　　　　　　　　　(2) $y = \left(\dfrac{1}{2}\right)^x$

24 次の関数を微分せよ.　→教 p.26 問·24

(1) $y = \log_3 x$ 　　　　　　　(2) $y = \log_2(3x - 1)$

25 次の関数を微分せよ.　→教 p.27 問·25

(1) $y = \log|4x + 1|$ 　　　　(2) $y = \log|1 - x|$

26 次の極限値を求めよ.　→教 p.28 問·26

(1) $\displaystyle\lim_{h \to 0}(1 + 3h)^{\frac{1}{h}}$ 　　　　(2) $\displaystyle\lim_{x \to \infty}\left(1 - \dfrac{2}{x}\right)^x$

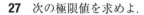

Check

27 次の極限値を求めよ.

(1) $\displaystyle\lim_{x \to \frac{\pi}{3}} \sin x$

(2) $\displaystyle\lim_{x \to 1} 2^x (\sin \pi x + \cos \pi x)$

(3) $\displaystyle\lim_{x \to 1} \frac{x^2 - x - 2}{x + 1}$

(4) $\displaystyle\lim_{x \to -1} \frac{x^2 - x - 2}{x + 1}$

(5) $\displaystyle\lim_{x \to -1} \frac{x^2 - x - 2}{2x^2 + 3x + 1}$

(6) $\displaystyle\lim_{x \to \infty} \frac{x^2 - x - 2}{2x^2 + 3x + 1}$

(7) $\displaystyle\lim_{x \to \infty} \frac{\sqrt{2x^2 - 1}}{x}$

(8) $\displaystyle\lim_{x \to \infty} (\sqrt{x^2 + 2x + 2} - x)$

28 関数 $f(x) = 2x^2 - 3x$ について, 次の問いに答えよ.

(1) $f(x)$ の 1 から 3 までの平均変化率を求めよ.

(2) $f(x)$ の $x = a$ における微分係数 $f'(a)$ を定義に従って求めよ.

(3) 関数 $y = f(x)$ のグラフ上の点 $(1, -1)$ における接線の傾きを求めよ.

29 次の関数を微分せよ.

(1) $y = x^4 - 3x^3 + 2x^2 - 4x + 1$

(2) $s = \dfrac{t^2 - 2t + 2}{2}$

(3) $y = (x^2 + 3)(2x - 1)$

(4) $s = \dfrac{2}{t^3} + \dfrac{2t - 1}{t + 1}$

(5) $y = \dfrac{x^2 + 2x - 2}{\sqrt{x}}$

(6) $s = \dfrac{1}{t\sqrt{t}}$

(7) $y = (3x - 2)^4$

(8) $s = \sqrt[3]{3t - 4}$

30 次の極限値を求めよ.

(1) $\displaystyle\lim_{\theta \to 0} \frac{\sin 4\theta}{3\theta}$

(2) $\displaystyle\lim_{\theta \to 0} \frac{2\theta^2}{1 - \cos \theta}$

31 次の関数を微分せよ.

(1) $y = \dfrac{\cos x}{\sin x}$

(2) $y = \cos(3x + 2)$

(3) $y = e^{2x+3}$

(4) $y = xe^{2x}$

(5) $y = \sqrt[3]{e^{2x}}$

(6) $y = x^2 \sin 3x$

(7) $y = \dfrac{\log x}{x^2}$

(8) $y = 2^{3x+1}$

(9) $y = \log_5 (2x - 3)$

(10) $y = \log |4 - 7x|$

32 次の極限値を求めよ.

(1) $\displaystyle\lim_{h \to 0} (1 - h)^{\frac{3}{h}}$

(2) $\displaystyle\lim_{x \to \infty} \left(1 + \frac{3}{2x}\right)^x$

Step up

例題 極限 $\displaystyle\lim_{x\to\infty}\frac{2^x+4^x}{3^x+4^x}$ を求めよ.

解 与式 $=\displaystyle\lim_{x\to\infty}\frac{(2^x+4^x)\times\dfrac{1}{4^x}}{(3^x+4^x)\times\dfrac{1}{4^x}}=\lim_{x\to\infty}\frac{\left(\dfrac{1}{2}\right)^x+1}{\left(\dfrac{3}{4}\right)^x+1}=\frac{0+1}{0+1}=1$ //

33 次の極限を求めよ.

(1) $\displaystyle\lim_{x\to\infty}\frac{2^x+3^x}{2^x-3^x}$　　　　(2) $\displaystyle\lim_{x\to-\infty}\frac{3\cdot2^x-2\cdot3^x}{2^x+3^x}$

(2) $a>1$ の場合
$x\longrightarrow-\infty$ のとき
$a^x\longrightarrow0$ である.

例題 関数 $y=\dfrac{2x+3}{\sqrt{2x+1}}$ を微分せよ.　　　　(富山大)

解 $y'=\dfrac{2\cdot(2x+1)^{\frac{1}{2}}-(2x+3)\cdot\dfrac{1}{2}(2x+1)^{-\frac{1}{2}}\cdot2}{2x+1}$

$=\dfrac{2\cdot(2x+1)-(2x+3)}{\sqrt{(2x+1)^3}}=\dfrac{2x-1}{\sqrt{(2x+1)^3}}$ //

34 次の関数を微分せよ.

(1) $y=\dfrac{2x+1}{\sqrt{2x-1}}$　　　　(2) $y=\dfrac{2x+3}{\sqrt[3]{2x+1}}$

例題 $\displaystyle\lim_{x\to1}\frac{x^2-ax+b}{x-1}=-5$ のとき, 定数 a,b の値を求めよ.

解 $\displaystyle\lim_{x\to1}(x-1)=0$ だから, 極限値が存在するためには

$$\lim_{x\to1}(x^2-ax+b)=1-a+b=0$$

でなければならない. よって $b=a-1$

このとき, 与式の分子は

$$x^2-ax+b=x^2-ax+(a-1)=(x-1)(x-a+1)$$

これより $\displaystyle\lim_{x\to1}\frac{x^2-ax+b}{x-1}=\lim_{x\to1}(x-a+1)=2-a=-5$

したがって $a=7,\ b=6$ //

35 次の等式が成り立つとき, 定数 a,b の値を求めよ.

(1) $\displaystyle\lim_{x\to1}\frac{x^2+ax+b}{x-1}=3$　　　(2) $\displaystyle\lim_{x\to2}\frac{ax^2+bx+2}{x^2-3x+2}=\frac{1}{3}$

36 次の極限値が存在するように定数 a の値を定め, 極限値を求めよ.

(1) $\displaystyle\lim_{x\to1}\frac{x^2+ax+3}{x-1}$　　　(2) $\displaystyle\lim_{x\to1}\frac{x+a}{\sqrt{2-x}-1}$

例題 $\displaystyle\lim_{x\to-\infty}\frac{2x-1}{\sqrt{x^2-x+1}}$ を求めよ.

....

解 $x=-t$ とおくと, $x\to-\infty$ のとき $t\to\infty$ だから

$$与式=\lim_{t\to\infty}\frac{2(-t)-1}{\sqrt{(-t)^2-(-t)+1}}=\lim_{t\to\infty}\frac{-2t-1}{\sqrt{t^2+t+1}}$$

$$=\lim_{t\to\infty}\frac{-2-\dfrac{1}{t}}{\sqrt{1+\dfrac{1}{t}+\dfrac{1}{t^2}}}=\frac{-2-0}{\sqrt{1+0+0}}=-2 \qquad //$$

37 次の極限を求めよ.

(1) $\displaystyle\lim_{x\to-\infty}\frac{4x+1}{\sqrt{x^2+x+1}}$

(2) $\displaystyle\lim_{x\to-\infty}x\left(\sqrt{x^2+3}+x\right)$

例題 微分可能な関数 $f(x)$ について, 次の極限値を $a,\ f(a),\ f'(a)$ を用いて表せ.

$$\lim_{x\to a}\frac{af(x)-xf(a)}{x-a}$$

....

解 次のように分子を変形する.

$$与式=\lim_{x\to a}\frac{af(x)-af(a)+af(a)-xf(a)}{x-a}$$

$$=\lim_{x\to a}\left\{\frac{af(x)-af(a)}{x-a}+\frac{af(a)-xf(a)}{x-a}\right\}$$

$$=a\lim_{x\to a}\frac{f(x)-f(a)}{x-a}-f(a)\lim_{x\to a}\frac{x-a}{x-a}=af'(a)-f(a) \qquad //$$

38 次の極限値を $a,\ f(a),\ f'(a)$ で表せ. ただし, $f(x)$ は微分可能とする.

(1) $\displaystyle\lim_{x\to a}\frac{a^2f(x)-x^2f(a)}{x-a}$

(2) $\displaystyle\lim_{x\to a}\frac{x^2f(x)-a^2f(a)}{x-a}$

例題 微分可能な関数 $f(x)$ について, 次の極限値を $f'(a)$ を用いて表せ.

$$\lim_{h\to0}\frac{f(a+3h)-f(a)}{h}$$

....

解 $3h=t$ とおくと, $h\to0$ のとき $t\to0$ だから

$$与式=\lim_{t\to0}\frac{f(a+t)-f(a)}{\dfrac{t}{3}}=\lim_{t\to0}3\cdot\frac{f(a+t)-f(a)}{t}=3f'(a) \qquad //$$

39 次の極限値を $a,\ f(a),\ f'(a)$ で表せ. ただし, $a\neq0$ とし, $f(x)$ は微分可能とする.

(1) $\displaystyle\lim_{h\to0}\frac{f(a-2h)-f(a)}{h}$

(2) $\displaystyle\lim_{h\to0}\frac{1}{h}\left\{\frac{f(a+h)}{a+h}-\frac{f(a)}{a}\right\}$

2　いろいろな関数の導関数

まとめ

●合成関数の導関数

$$\frac{dy}{dx} = \frac{du}{dx}\frac{dy}{du} = \frac{dy}{du}\frac{du}{dx}$$

●対数微分法　$y = f(x)$ の導関数を次の手順で求める.

両辺の自然対数をとる　　　　　$\log y = \log f(x)$

両辺を x について微分する　　$\dfrac{1}{y} \cdot y' = \{\log f(x)\}'$

両辺に y を掛ける　　　　　　$y' = y\{\log f(x)\}'$

●逆関数の導関数

$$y = f^{-1}(x) \iff f(y) = x$$

$$\frac{dy}{dx} = \{f^{-1}(x)\}' = \frac{1}{f'(y)} = \frac{1}{\dfrac{dx}{dy}} \quad (\text{ただし } f'(y) \neq 0)$$

●逆三角関数

$$y = \sin^{-1} x \iff \sin y = x \quad \left(-\frac{\pi}{2} \leqq y \leqq \frac{\pi}{2}\right)$$

$$y = \cos^{-1} x \iff \cos y = x \quad (0 \leqq y \leqq \pi)$$

$$y = \tan^{-1} x \iff \tan y = x \quad \left(-\frac{\pi}{2} < y < \frac{\pi}{2}\right)$$

●導関数の公式

$$(x^{\alpha})' = \alpha x^{\alpha-1} \quad (x > 0, \ \alpha \text{ は実数})$$

$$(\sin^{-1} x)' = \frac{1}{\sqrt{1-x^2}} \qquad (\cos^{-1} x)' = -\frac{1}{\sqrt{1-x^2}}$$

$$(\tan^{-1} x)' = \frac{1}{1+x^2}$$

●右側極限値, 左側極限値

$$\lim_{x \to a+0} f(x) = \lim_{x \to a-0} f(x) = l \iff \lim_{x \to a} f(x) = l$$

●関数の連続

$$f(x) \text{ は } x = a \text{ において連続} \iff \lim_{x \to a} f(x) = f(a)$$

●中間値の定理

関数 $f(x)$ が閉区間 $[a,\ b]$ で連続で, $f(a) \neq f(b)$ のとき, $f(a)$ と $f(b)$ の間にある任意の値 k に対して

$$f(c) = k \quad (a < c < b)$$

を満たす点 c が少なくとも 1 つ存在する.

Basic

40 次の関数はどのような関数の合成関数と考えられるか. 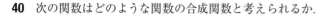　→ 教 p.31 問·1

(1) $y = e^{\cos x}$　　　　　　　　　(2) $y = \sqrt{x^2 + 1}$

41 次の関数を微分せよ.　→ 教 p.32 問·2

(1) $y = (x^2 + x - 2)^6$　　　　　(2) $y = (4 - x^2)^3$

(3) $y = e^{x^2}$　　　　　　　　　(4) $y = e^{\sin x}$

(5) $y = \log(x^2 + 1)$　　　　　　(6) $y = \log|\sin x|$

(7) $y = \sqrt[3]{x^2 + 1}$　　　　　　(8) $y = \dfrac{1}{\sqrt{x^2 + 1}}$

42 次の関数を微分せよ.　→ 教 p.33 問·3

(1) $y = \cos^3 x$　　　　　　　　(2) $y = \tan^4 x$

43 次の関数を微分せよ.　→ 教 p.33 問·4

(1) $y = \sin^4 3x$　　　　　　　　(2) $y = \tan^3 2x$

(3) $y = e^{x^3}\sin 2x$　　　　　　(4) $y = \{\log(x^2 + 1)\}^3$

44 次の関数を微分せよ.　→ 教 p.34 問·5

(1) $y = \log\dfrac{(x+1)^2}{(x-1)^3}$　　　　(2) $y = \log\dfrac{(x+1)^2}{x(x-1)}$

(3) $y = \log\left(x^4\sqrt{x^3+1}\right)$　　　(4) $y = \log\left(\sqrt[3]{x^2+1}\sqrt{x^3}\right)$

45 次の関数を対数微分法で微分せよ. ただし, $x > 0$ とする.　→ 教 p.35 問·6

(1) $y = (2x)^x$　　　　　　　　(2) $y = x^{\sin x}$

46 関数 $f(x) = x^6$ $(x \geqq 0)$ の逆関数が $f^{-1}(x) = \sqrt[6]{x}$ であることを用いて, 関数　→ 教 p.35 問·7
$y = \sqrt[6]{x}$ を微分せよ.

47 次の値を求めよ.　→ 教 p.36 問·8

(1) $\sin^{-1}\dfrac{\sqrt{2}}{2}$　　　　　　　(2) $\sin^{-1} 0.5$

→ 教 p.36 問·9

48 図の直角三角形 ABC について, 角 A, B を逆正
弦関数を用いて表せ.

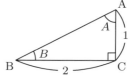

49 次の値を求めよ． → 教 p.37 問·10

   (1) $\cos^{-1}\dfrac{1}{2}$ (2) $\tan^{-1}\sqrt{3}$

50 図の三角形を用いて，$0 < x < 1$ のとき，次の等 → 教 p.37 問·11
式を証明せよ．

$$\sin^{-1}x = \cos^{-1}\sqrt{1-x^2}$$

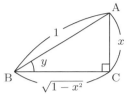

51 次の値を求めよ． → 教 p.38 問·12

   (1) $\sin^{-1}\left(-\dfrac{\sqrt{3}}{2}\right)$ (2) $\sin^{-1}1$ (3) $\cos^{-1}\left(-\dfrac{1}{2}\right)$

   (4) $\cos^{-1}(-1)$ (5) $\tan^{-1}(-\sqrt{3})$ (6) $\tan^{-1}(-1)$

52 次の関数を微分せよ． → 教 p.39 問·13

   (1) $y = \sin^{-1}3x$ (2) $y = \sin^{-1}\dfrac{x}{3}$

   (3) $y = \cos^{-1}3x$ (4) $y = \cos^{-1}\dfrac{x}{3}$

   (5) $y = \tan^{-1}2x$ (6) $y = \tan^{-1}x^2$

53 $y = \cos^{-1}\dfrac{x}{a}$ のとき，$y' = -\dfrac{1}{\sqrt{a^2-x^2}}$ となることを証明せよ．ただし，$a > 0$ → 教 p.39 問·14
とする．

54 次の方程式は区間 $(-1, 1)$ に少なくとも 1 つの実数解をもつことを証明せよ． → 教 p.43 問·15

   (1) $x^3 - 4x - 2 = 0$ (2) $x^4 + x^3 - x^2 + x + 1 = 0$

55 次の問いに答えよ． → 教 p.43 問·16

   (1) 方程式 $\log_2 x = -x$ は，区間 $\left(\dfrac{1}{2}, 1\right)$ に少なくとも 1 つの実数解をもつこ
とを証明せよ．

   (2) 方程式 $\dfrac{1}{e^x} = \sin\dfrac{\pi}{2}x$ は，区間 $(0, 1)$ に少なくとも 1 つの実数解をもつこ
とを証明せよ．

Check

56 次の関数を微分せよ.

(1) $y = (x^4 + 3x^2 - 2)^5$

(2) $s = \dfrac{1}{(t^2 - 4)^3}$

(3) $y = \sqrt[4]{x^2 + 3x + 2}$

(4) $s = \dfrac{1}{\sqrt[3]{(4 - t^2)^2}}$

57 次の関数を微分せよ.

(1) $y = \sin^3 4x$

(2) $y = \dfrac{1}{\cos x}$

(3) $y = \sqrt{\tan x}$

(4) $y = e^{-3x} \sin 2x$

(5) $y = \log|1 - x^2|$

(6) $y = \log|\tan x|$

(7) $y = \dfrac{1}{\log(x^2 + 1)}$

(8) $y = \dfrac{\log(1 - x^2)}{e^{2x}}$

58 次の関数を微分せよ.

(1) $y = \log \dfrac{(x + 2)^3}{(2x + 1)^2}$

(2) $y = \log \dfrac{x\sqrt{2x + 1}}{(2x - 1)^2}$

59 関数 $y = x^{3x}$ を対数微分法で微分せよ. ただし, $x > 0$ とする.

60 図の直角三角形 ABC について, $B = \sin^{-1}\dfrac{2}{5}$ のとき, 次の問いに答えよ.

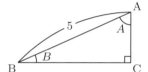

(1) AC の長さを求めよ.

(2) A を逆正弦関数を用いて表せ.

61 次の値を求めよ.

(1) $\sin^{-1}\left(-\dfrac{1}{\sqrt{2}}\right)$

(2) $\cos^{-1} 0$

(3) $\tan^{-1}\left(\tan \dfrac{2\pi}{3}\right)$

62 次の関数を微分せよ.

(1) $y = \sin^{-1} 4x$

(2) $y = \cos^{-1}\dfrac{x}{4}$

(3) $y = \tan^{-1}\dfrac{3}{4}x$

(4) $y = \sin^{-1}\dfrac{2}{x} \quad (x \geqq 2)$

(5) $y = \dfrac{\sin^{-1} x}{\cos^{-1} x}$

(6) $y = \sqrt{\tan^{-1} x}$

63 方程式 $e^x + x = 2$ は, 区間 $(0, 1)$ に少なくとも 1 つの実数解をもつことを証明せよ.

Step up

例題 次の関数を微分せよ．ただし，(2) は対数微分法を用いよ．

$$(1)\ y = \tan^{-1}x + \tan^{-1}\frac{1}{x} \qquad (2)\ y = \sqrt{\frac{1+x^2}{1-x^2}}$$

解

$$(1)\ y' = \frac{1}{1+x^2} + \frac{1}{1+\left(\frac{1}{x}\right)^2}\cdot\left(\frac{1}{x}\right)' = \frac{1}{1+x^2} + \frac{1}{1+\left(\frac{1}{x}\right)^2}\cdot\left(-\frac{1}{x^2}\right)$$

$$= \frac{1}{1+x^2} - \frac{1}{x^2+1} = 0$$

(2) 両辺の自然対数をとると

$$\log y = \log\sqrt{\frac{1+x^2}{1-x^2}} = \frac{1}{2}\{\log(1+x^2) - \log(1-x^2)\}$$

両辺を x について微分すると

$$\frac{1}{y}\cdot y' = \frac{1}{2}\left(\frac{2x}{1+x^2} - \frac{-2x}{1-x^2}\right) = \frac{2x}{(1+x^2)(1-x^2)}$$

よって　$y' = \dfrac{2x}{(1+x^2)(1-x^2)}y = \dfrac{2x}{(1+x^2)(1-x^2)}\sqrt{\dfrac{1+x^2}{1-x^2}}$

$$= \frac{2x}{\sqrt{1+x^2}\sqrt{(1-x^2)^3}} \qquad //$$

64 次の関数を微分せよ．

(1) $y = \sin^{-1}\dfrac{x}{\sqrt{1+x^2}}$ （お茶の水女子大）

(2) $y = \tan^{-1}\dfrac{1-\cos x}{\sin x}$ （埼玉大）

65 対数微分法を用いて，次の関数を微分せよ．

$$(1)\ y = x^2\sqrt{\frac{1+x^2}{1-x^2}} \qquad (2)\ y = \sqrt{\frac{2-\cos^2 x}{2+\cos^2 x}}$$

例題 関数 $y = \log\left(x + \sqrt{x^2+1}\right)$ について，次の問いに答えよ．

(1) 合成関数の微分法を用いて，関数を微分せよ．

(2) x を y の式で表せ．

(3) 逆関数の微分法を用いて，$\dfrac{dy}{dx}$ を求めよ．

解

$$(1)\ y' = \frac{1}{x+\sqrt{x^2+1}}\left(1 + \frac{x}{\sqrt{x^2+1}}\right)$$

$$= \frac{1}{x+\sqrt{x^2+1}}\cdot\frac{\sqrt{x^2+1}+x}{\sqrt{x^2+1}} = \frac{1}{\sqrt{x^2+1}}$$

(2) 与えられた関数を変形すると　$e^y = x + \sqrt{x^2+1}$ ①

両辺の逆数をとると　$\dfrac{1}{e^y} = \dfrac{1}{x+\sqrt{x^2+1}} = -x + \sqrt{x^2+1}$

これから　$e^{-y} = -x + \sqrt{x^2+1}$ ②

①，②の両辺を引くと　$e^y - e^{-y} = 2x$

よって　$x = \dfrac{e^y - e^{-y}}{2}$

(3) (2) より　$\dfrac{dx}{dy} = \left(\dfrac{e^y - e^{-y}}{2}\right)' = \dfrac{e^y + e^{-y}}{2}$

ここで，①，②を代入すると　$\dfrac{dx}{dy} = \sqrt{x^2 + 1}$

よって　$\dfrac{dy}{dx} = \dfrac{1}{\dfrac{dx}{dy}} = \dfrac{1}{\sqrt{x^2 + 1}}$ //

66 関数 $y = \log\left(x + \sqrt{x^2 - 1}\right)$ について，次の問いに答えよ．

(1) 合成関数の微分法を用いて，関数を微分せよ．

(2) x を y の式で表せ．

(3) 逆関数の微分法を用いて，$\dfrac{dy}{dx}$ を求めよ．

67 関数 $y = \dfrac{1}{2} \log \dfrac{1-x}{1+x}$ $(-1 < x < 1)$ について，次の問いに答えよ．

(1) 対数の性質を用いて，関数を微分せよ．

(2) x を y の式で表せ．

(3) 逆関数の微分法を用いて，$\dfrac{dy}{dx}$ を求めよ．

例題 次の関数 $f(x)$ について，$x = 0$ で連続であるように定数 θ $\left(-\dfrac{\pi}{2} \leqq \theta \leqq \dfrac{\pi}{2}\right)$ の値を定めよ．

$$f(x) = \begin{cases} \dfrac{\sqrt{4x+3} - \sqrt{x+3}}{x} & (x > 0) \\ \sin(x + \theta) & (x \leqq 0) \end{cases}$$

解　$x = 0$ における $f(x)$ の右側極限値を計算すると

$$\lim_{x \to +0} \frac{\sqrt{4x+3} - \sqrt{x+3}}{x} = \lim_{x \to +0} \frac{(4x+3) - (x+3)}{x(\sqrt{4x+3} + \sqrt{x+3})}$$

$$= \lim_{x \to +0} \frac{3}{\sqrt{4x+3} + \sqrt{x+3}} = \frac{\sqrt{3}}{2}$$

$x = 0$ における $f(x)$ の左側極限値を計算すると

$$\lim_{x \to -0} \sin(x + \theta) = \sin\theta$$

よって，$\sin\theta = \dfrac{\sqrt{3}}{2}$ より　$\theta = \dfrac{\pi}{3}$ //

68 次の関数 $f(x)$ について，$x = 0$ で連続であるように定数 θ $(0 \leqq \theta \leqq \pi)$ の値を定めよ．

$$f(x) = \begin{cases} \dfrac{\sqrt{3x+2} - \sqrt{x+2}}{x} & (x > 0) \\ \cos(x + \theta) & (x \leqq 0) \end{cases}$$

Plus

● ● ●

1——数列の収束と発散

無限に続く数列

$$a_1,\ a_2,\ \cdots,\ a_n,\ \cdots$$

において，項の番号 n が限りなく大きくなるとき，a_n がある一定の値 α に限りなく近づくならば，数列 $\{a_n\}$ は α に収束するといい，次のように書く．

$$\lim_{n \to \infty} a_n = \alpha$$

例 1　$a_n = (-0.8)^n$

$$-0.8,\ 0.64,\ -0.512,\ 0.4096,\ \cdots$$

正負の符号は交互に変わるが，絶対値は 0 に近づくことがわかる．

したがって

$$\lim_{n \to \infty} (-0.8)^n = 0$$

関数 $f(x)$ が $x \to \infty$ のとき極限値 α に収束するならば，数列

$$f(1),\ f(2),\ \cdots,\ f(n),\ \cdots$$

も α に収束する．すなわち

$$\lim_{n \to \infty} f(n) = \alpha$$

例 2　$\displaystyle \lim_{x \to \infty} \left(1 + \frac{1}{x}\right)^x = e$ だから

$$\lim_{n \to \infty} \left(1 + \frac{1}{n}\right)^n = e$$

したがって，この数列は e に収束するが，右の表でもわかるように，$e = 2.71828\cdots$ への近づき方は緩やかである．

n	$\left(1 + \dfrac{1}{n}\right)^n$
1	2
2	2.25
10	2.5937425
100	2.7048138
1000	2.7169239
10000	2.7181459

n が限りなく大きくなるとき，a_n が限りなく大きくなるならば，数列 $\{a_n\}$ は ∞ に発散するといい，次のように書く．

$$\lim_{n \to \infty} a_n = \infty$$

$-\infty$ に発散する場合も同様である．収束もせず，∞ に発散することも $-\infty$ に発散することもない場合，数列 $\{a_n\}$ は振動するという．

69　次の数列の収束，発散を調べよ．収束するときは極限値を求めよ．

(1) $\dfrac{n^2 + 3n + 2}{3n^2 + n + 4}$　　　　(2) $\dfrac{n^2 + 1}{n}$　　　　(3) $(-1)^n$

2──関数の連続性と微分可能性

関数 $f(x)$ が $x = a$ で連続であることを段階に分けて示すと

(1) $f(a)$ が定義されている

(2) $\lim_{x \to a} f(x)$ が存在する

(3) $\lim_{x \to a} f(x) = f(a)$ が成り立つ

となる．ここでは，$x = 0$ でいずれかが満たされない例をあげよう．

例 3 $f(x) = \dfrac{1}{x}$

$f(0)$ が定義されていないから，(1) が満たされない．

例 4 $f(x) = \begin{cases} \sin \dfrac{1}{x} & (x \neq 0) \\ 0 & (x = 0) \end{cases}$

例えば，$x_n = \dfrac{2}{n\pi}$ とすると，$\lim_{n \to \infty} x_n = 0$ であるが

$$f(x_1) = \sin \frac{\pi}{2} = 1, \ f(x_2) = 0, \ f(x_3) = -1, \ \cdots$$

となって，$\{f(x_n)\}$ は振動する．したがって，$\lim_{x \to 0} f(x)$ は存在せず，(2) が満たされない．

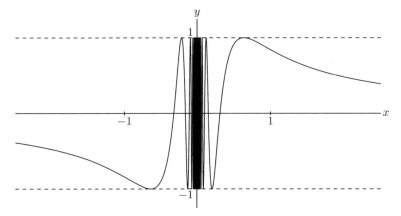

例 5 $f(x) = \begin{cases} \dfrac{\sin x}{x} & (x \neq 0) \\ 0 & (x = 0) \end{cases}$

$x \to 0$ のときの極限値を求めると

$$\lim_{x \to 0} f(x) = \lim_{x \to 0} \frac{\sin x}{x} = 1$$

したがって，$\lim_{x \to 0} f(x) \neq f(0)$ となり，(3) が満たされない．

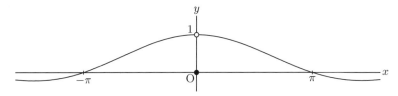

例題　関数 $f(x) = \begin{cases} x\sin\dfrac{1}{x} & (x \neq 0) \\ 0 & (x = 0) \end{cases}$　について，次の問いに答えよ．

(1) $x = 0$ において連続であるかどうかを調べよ．

(2) $x = 0$ において微分可能であるかどうかを調べよ．

解　(1) $\left|\sin\dfrac{1}{x}\right| \leqq 1$ だから　$\left|x\sin\dfrac{1}{x}\right| \leqq |x|$

したがって　$-|x| \leqq x\sin\dfrac{1}{x} \leqq |x|$

$x \to 0$ のとき，$-|x| \to 0,\ |x| \to 0$ となるから　$\displaystyle\lim_{x \to 0} x\sin\dfrac{1}{x} = 0$

よって，$\displaystyle\lim_{x \to 0} f(x) = f(0)$ となるから，$f(x)$ は $x = 0$ で連続である．

(2) $f'(0) = \displaystyle\lim_{h \to 0}\dfrac{f(h) - f(0)}{h} = \lim_{h \to 0}\dfrac{1}{h}\left(h\sin\dfrac{1}{h}\right) = \lim_{h \to 0}\sin\dfrac{1}{h}$

となるが，この極限は存在しない．よって，$x = 0$ で微分可能でない．　　//

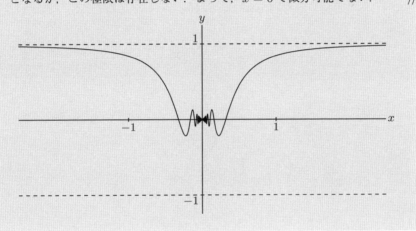

70　次の関数 $f(x)$ について，以下の問いに答えよ．

$$f(x) = \begin{cases} x\tan^{-1}\dfrac{1}{x} & (x \neq 0) \\ 0 & (x = 0) \end{cases}$$

(1) $x = 0$ において連続であるかどうかを調べよ．

(2) $x = 0$ において微分可能であるかどうかを調べよ．

71　次の関数 $f(x)$ について，以下の問いに答えよ．ただし，m は自然数とする．

$$f(x) = \begin{cases} x^m & (x > 0) \\ 0 & (x \leqq 0) \end{cases}$$

(1) $f(x)$ が $x = 0$ で微分可能となるような m の範囲を求めよ．

(2) $m \geqq 3$ ならば，$f'(x)$ は $x = 0$ で微分可能であることを証明せよ．

（金沢大 改）

2章 微分の応用

1 関数の変動

まとめ

●接線と法線

曲線 $y = f(x)$ 上の点 $(a, f(a))$ において

○ 接線の方程式は $\quad y - f(a) = f'(a)(x - a)$

○ 法線の方程式は $\quad y - f(a) = -\dfrac{1}{f'(a)}(x - a)$
$$(f'(a) \neq 0)$$

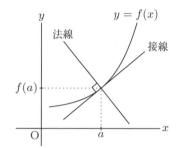

●関数の増減・極値

関数 $f(x)$ が区間 I で微分可能であるとき

○ $f'(x) > 0 \implies f(x)$ は単調に増加する

○ $f'(x) < 0 \implies f(x)$ は単調に減少する

○ 関数 $f(x)$ が $x = a$ で極値をとるならば $\quad f'(a) = 0$

$f'(a) = 0$ であっても，$x = a$ で極値をとるとは限らない．

○ 増減表とグラフの概形

● $f'(x) = 0$ の解 $x = a, b, \cdots$ を求める．

● 増減表を用いて極値を求める．

x	$\cdots$	a	$\cdots$	b	$\cdots$
$f'(x)$	$+$	0	$-$	0	$+$
$f(x)$	$\nearrow$	$f(a)$	$\searrow$	$f(b)$	$\nearrow$

　　　　　極大　　　　　極小

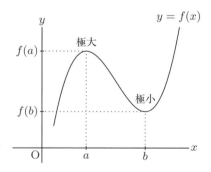

●不定形の極限 （ロピタルの定理）

$\dfrac{0}{0}$, $\dfrac{\infty}{\infty}$ の不定形の極限 $\qquad \displaystyle\lim_{x \to a} \frac{f(x)}{g(x)} = \lim_{x \to a} \frac{f'(x)}{g'(x)}$

Basic

72 次の曲線上の（　）内の x の値に対応する点における接線の方程式を求めよ。　→教p.49 問·1

(1) $y = x^2 - x$ $\qquad (x = 3)$ $\qquad$ (2) $y = \dfrac{1}{x}$ $\qquad (x = 2)$

(3) $y = 3\sqrt[3]{x^2}$ $\qquad (x = 8)$ $\qquad$ (4) $y = e^{2x}$ $\qquad (x = 0)$

73 次の曲線上の（　）内の x の値に対応する点における法線の方程式を求めよ。　→教p.49 問·2

(1) $y = x^3 - 3x^2 - 1$ $\quad (x = 3)$ $\qquad$ (2) $y = \tan x$ $\qquad \left(x = \dfrac{\pi}{4} \right)$

74 次の関数について，与えられた区間 I における増加・減少を調べよ。　→教p.51 問·3

(1) $f(x) = x^3 + 4x + 5$ $\qquad I = (-\infty,\ \infty)$

(2) $f(x) = x - e^x$ $\qquad I = (0,\ \infty)$

75 次の関数の増加・減少を調べよ。　→教p.51 問·4

(1) $y = x^2 - 6x + 7$ $\qquad\qquad$ (2) $y = 2x^3 - 9x^2 + 3$

(3) $y = 3x^4 - 4x^3 - 12x^2$

76 次の関数の極値を求めよ。また，そのグラフの概形をかけ。　→教p.53 問·5

(1) $y = x^3 - 6x^2 + 9x - 3$ $\qquad\qquad$ (2) $y = x^4 - 2x^3$

(3) $y = x^4 - 4x^3 + 4x^2$

77 関数 $y = x^3 - 6x + a$ の極大値と極小値がともに正となるように，定数 a の値　→教p.53 問·6
の範囲を定めよ。

78 次の関数の（　）内の区間における最大値，最小値を求めよ。　→教p.55 問·7

(1) $y = x^3 - 3x^2 - 9x$ $\qquad (-2 \leqq x \leqq 4)$

(2) $y = x^5 - 5x^4 + 5x^3$ $\qquad (-1 \leqq x \leqq 3)$

(3) $y = \sin x + \cos x$ $\qquad (0 \leqq x \leqq \pi)$

(4) $y = x^2 - 4\log x$ $\qquad (1 \leqq x \leqq e)$

79 半径 a の円に内接する二等辺三角形がある。その高さ　→教p.56 問·8
を x とするとき，次の問いに答えよ。

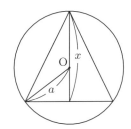

(1) 二等辺三角形の面積 S を x の式で表せ。また，x
の変域を求めよ。

(2) S が最大になるときの x の値を求めよ。

80 次の不等式が成り立つことを証明せよ.

→ 教 p.56 問·9

(1) $0 \leqq x < \dfrac{\pi}{2}$ のとき　$\tan x \geqq x$

(2) $x > 0$ のとき　$2\sqrt{x} \geqq \log x + 2$

81 次の極限値を求めよ.

→ 教 p.57 問·10

(1) $\displaystyle \lim_{x \to 1} \dfrac{x^3 - 4x^2 + 2x + 1}{x^5 - 1}$

(2) $\displaystyle \lim_{x \to 0} \dfrac{e^{2x} - 1}{3x}$

(3) $\displaystyle \lim_{x \to 0} \dfrac{\log(1 + x^2)}{x}$

(4) $\displaystyle \lim_{x \to \pi} \dfrac{\sin x}{\pi - x}$

82 次の極限値を求めよ.

→ 教 p.58 問·11

(1) $\displaystyle \lim_{x \to 1} \dfrac{x^3 - x^2 - x + 1}{x^4 - 2x^3 + 3x^2 - 4x + 2}$

(2) $\displaystyle \lim_{x \to 0} \dfrac{e^{2x} - 2x - 1}{x^2}$

(3) $\displaystyle \lim_{x \to 0} \dfrac{2\cos x - 2 + x^2}{x^4}$

83 次の極限値を求めよ.

→ 教 p.59 問·12

(1) $\displaystyle \lim_{x \to \infty} \dfrac{\log x}{x^2}$

(2) $\displaystyle \lim_{x \to \infty} \dfrac{x^2 + 1}{xe^x}$

(3) $\displaystyle \lim_{x \to \infty} x\left(\tan^{-1}x - \dfrac{\pi}{2}\right)$

Check

84 次の曲線上の（　）内の x の値に対応する点における接線の方程式を求めよ.

(1) $y = -x^3 + 5x$　　$(x = 1)$　　　　(2) $y = \dfrac{\sin x}{x}$　　　　$(x = \pi)$

85 次の曲線上の（　）内の x の値に対応する点における法線の方程式を求めよ.

(1) $y = x^3 - 2x$　　$(x = 2)$　　　　(2) $y = x \log x$　　　　$(x = e)$

86 次の関数の極値を求めよ. また，そのグラフの概形をかけ.

(1) $y = x^3 - x^2 - x$　　　　　　(2) $y = \dfrac{3}{4}x^4 + x^3 - 3x^2 + 4$

87 関数 $y = -x^3 + 3x^2 - a$ の極大値と極小値がともに負となるように，定数 a の値の範囲を定めよ.

88 次の関数の（　）内の区間における最大値，最小値を求めよ.

(1) $y = x^4 - \dfrac{4}{3}x^3$　　　　$(0 \leqq x \leqq 2)$

(2) $y = e^x(x - 1)$　　　　$(-1 \leqq x \leqq 2)$

89 半径 3 の球に内接する直円錐がある. 直円錐の高さは 3 以上とし，球の中心 O と直円錐の底面の中心 M との距離を x とするとき，次の問いに答えよ.

(1) 直円錐の体積 V を x の式で表せ.

(2) V が最大になるときの x の値を求めよ.

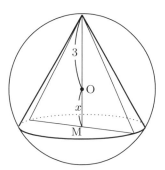

90 $x \geqq 0$ のとき，次の不等式が成り立つことを証明せよ.

(1) $e^{2x} \geqq 2x + 1$

(2) $\log(1 + x) \geqq x - \dfrac{1}{2}x^2$

91 次の極限値を求めよ.

(1) $\displaystyle\lim_{x \to 0} \dfrac{\tan^{-1} x}{x}$　　　　　　(2) $\displaystyle\lim_{x \to 0} \dfrac{x \cos x}{x - \sin 2x}$

(3) $\displaystyle\lim_{x \to 1} \dfrac{-x^3 + 2x^2 - x}{2x^3 - x^2 - 4x + 3}$　　(4) $\displaystyle\lim_{x \to 1} \dfrac{\log x}{x - 1}$

(5) $\displaystyle\lim_{x \to \frac{\pi}{2}} \dfrac{(2x - \pi)^2}{\sin x - 1}$　　　　(6) $\displaystyle\lim_{x \to 0} \dfrac{2x^2 + \cos 2x - 1}{x^4}$

(7) $\displaystyle\lim_{x \to +0} \log x^{2x}$　　　　　(8) $\displaystyle\lim_{x \to \infty} \log(1 + e^x)^{\frac{1}{x}}$

Step up

例題 関数 $y = ax^3 + bx^2 + cx + d$ は $x = -1$ で極小値 3, $x = 1$ で極大値 7 をとるという. このとき定数 a, b, c, d の値を求めよ.

解 $y = f(x)$ とおくと $y' = f'(x) = 3ax^2 + 2bx + c$

$x = -1, 1$ で極値 $f(-1) = 3, f(1) = 7$ をとるから

$f'(-1) = 3a - 2b + c = 0$ ①

$f'(1) = 3a + 2b + c = 0$ ②

$f(-1) = -a + b - c + d = 3$ ③

$f(1) = a + b + c + d = 7$ ④

①, ②, ③, ④ を解いて

$a = -1, \quad b = 0, \quad c = 3, \quad d = 5$ //

92 関数 $f(x) = x^3 + ax^2 + bx + c$ は $x = -1$ で極大値 7, $x = 3$ で極小値をとる. このとき, 次の問いに答えよ.

(1) 定数 a, b, c の値を求めよ.   (2) 関数 $f(x)$ の極小値を求めよ.

93 関数 $y = x^3 + ax^2 + bx + c$ $(a, b, c$ は定数) が $x = 1$ で極大になり, $x = 3$ で極小になるとき, 極大値と極小値の差を求めよ.

例題 放物線 $y = x^2 + 1$ 上の点 $\mathrm{P}(t, t^2 + 1)$ $(t > 0)$ における接線と x 軸との交点を Q とし, P から x 軸に垂線を引き, x 軸との交点を R とする.

(1) $\triangle\mathrm{PQR}$ の面積 S を t の式で表せ.

(2) S の最小値を求めよ.

解 (1) $y' = 2x$ より, 接線の方程式は

$y - (t^2 + 1) = 2t(x - t)$ すなわち $y = 2tx - t^2 + 1$

$y = 0$ として Q の x 座標を求めると $x = \dfrac{t^2 - 1}{2t}$

$\therefore \quad S = \dfrac{1}{2}\left(t - \dfrac{t^2 - 1}{2t}\right)(t^2 + 1) = \dfrac{(t^2 + 1)^2}{4t}$ $(t > 0)$

(2) $S' = \dfrac{4t^2(t^2 + 1) - (t^2 + 1)^2}{4t^2}$

$\qquad = \dfrac{(3t^2 - 1)(t^2 + 1)}{4t^2}$

$S' = 0$ $(t > 0)$ より $t = \dfrac{1}{\sqrt{3}}$

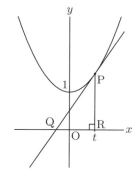

t	0	$\cdots$	$\dfrac{1}{\sqrt{3}}$	$\cdots$
S'		$-$	0	$+$
S		↘	$\dfrac{4\sqrt{3}}{9}$	↗

増減表より, このとき S は最小で, 最小値は $\dfrac{4\sqrt{3}}{9}$ //

94 曲線 $y = x^2$ 上の点 $(t,\ t^2)$ における接線を $C(t)$，直線 $x = 2$ の $y > 0$ の部分を m とする．

   (1) $C(t)$ の方程式を求めよ．

   (2) $C(t)$ と m が交点をもつための t の範囲を求めよ．

   (3) $C(t)$，m および x 軸で囲まれてできる三角形の面積を $S(t)$ とする．$S(t)$ の最大値を求めよ．　　　　　　　　　　　　　　　　　　（筑波大）

95 半径 1 の円に内接する二等辺三角形について，次の問いに答えよ．

   (1) 三角形の面積 S を頂角 θ の式で表せ．

   (2) S が最大となるときの θ の値を求めよ．

頂角の二等分線が円の直径となることを利用して，三角形の面積を頂角 θ の式で表せ．

例題 曲線 $y = 1 - x^2$ の接線のうち，点 $(2,\ -2)$ を通るものの方程式を求めよ．

解　$y' = -2x$ より，曲線上の点 $(a,\ 1 - a^2)$ における接線の方程式は

$$y - (1 - a^2) = -2a(x - a)$$

この接線が点 $(2,\ -2)$ を通るとすると

$$-2 - (1 - a^2) = -2a(2 - a) \qquad \therefore \quad a = 1,\ 3$$

$a = 1,\ 3$ を上の式に代入すると，求める接線の方程式は

$$y = -2x + 2,\ \ y = -6x + 10 \hspace{4em} /\!/$$

---

96 点 $(0,\ 0)$ から曲線 $y = \log x$ に引いた接線の方程式を求めよ．　　　（福井大）

97 c を正の定数とし，点 $(0,\ c)$ から曲線 $y = -x^2 + 2x$ に 2 本の接線を引く．このとき，これらの接線が垂直であるように c の値を定めよ．

例題 $\displaystyle \lim_{x \to +0} x^x$ を求めよ．

解　$y = x^x$ とおくと　$\log y = x \log x$

$$\lim_{x \to +0} \log y = \lim_{x \to +0} x \log x = \lim_{x \to +0} \frac{\log x}{\dfrac{1}{x}} = \lim_{x \to +0} \frac{(\log x)'}{\left(\dfrac{1}{x}\right)'}$$

$$= \lim_{x \to +0} \frac{\dfrac{1}{x}}{-\dfrac{1}{x^2}} = -\lim_{x \to +0} x = 0$$

よって，$x \to +0$ のとき，$\log y \to 0$ だから

$$\lim_{x \to +0} y = \lim_{x \to +0} e^{\log y} = e^0 = 1 \hspace{4em} /\!/$$

---

98 次の極限値を求めよ．

   (1) $\displaystyle \lim_{x \to \infty} \sqrt[x]{x}$ 　　　　　　　(2) $\displaystyle \lim_{x \to \infty} (1 + e^x)^{\frac{1}{x}}$ 　　　　　　（お茶の水女子大）

2 いろいろな応用

まとめ

●高次導関数

○ $y = f(x)$ の第 n 次導関数　$y^{(n)}$,　$f^{(n)}(x)$,　$\dfrac{d^n y}{dx^n}$,　$\dfrac{d^n}{dx^n}f(x)$

○ ライプニッツの公式

n 回微分可能である関数 f, g について

$$(fg)^{(n)} = \sum_{k=0}^{n} {}_n\mathrm{C}_k f^{(n-k)}g^{(k)}$$
$$= f^{(n)}g + {}_n\mathrm{C}_1 f^{(n-1)}g' + \cdots + {}_n\mathrm{C}_{n-1}f'g^{(n-1)} + fg^{(n)}$$

●曲線の凹凸

○ 関数 $y = f(x)$ が区間 I で 2 回微分可能であるとき

I で $f''(x) > 0 \implies$ 曲線 $y = f(x)$ は I で下に凸

I で $f''(x) < 0 \implies$ 曲線 $y = f(x)$ は I で上に凸

○ $f''(a) = 0$ となる a について，$x < a$ と $x > a$ で $f''(x)$ の正負が異なるならば

点 $\big(a,\ f(a)\big)$ は変曲点である.

●媒介変数表示と微分法

$$\begin{cases} x = f(t) \\ y = g(t) \end{cases} \text{のとき}\quad \frac{dy}{dx} = \frac{\dfrac{dy}{dt}}{\dfrac{dx}{dt}} = \frac{g'(t)}{f'(t)} \quad (\text{ただし } f'(t) \neq 0)$$

●速度と加速度

数直線上の動点 P の座標 x が時刻 t の関数 $x(t)$ で表されるとき

○ 点 P の時刻 t における速度　　$v(t) = \dfrac{dx}{dt} = x'(t)$

○ 点 P の時刻 t における加速度　　$\alpha(t) = \dfrac{dv}{dt} = x''(t)$

●平均値の定理

関数 $f(x)$ が閉区間 $[a,\ b]$ で連続で，開区間 $(a,\ b)$ で微分可能であるとき

$$\frac{f(b) - f(a)}{b - a} = f'(c) \quad (a < c < b)$$

を満たす点 c が少なくとも 1 つ存在する.

Basic

99 次の関数の第 2 次導関数を求めよ.　→ 教 p.62 問·1

(1) $y = \dfrac{1}{x+2}$ 　　(2) $y = x \sin x$ 　　(3) $y = \log(x^2+2)$

100 次の関数の第 n 次導関数を求めよ.　→ 教 p.62 問·2

(1) $y = e^{-x}$ 　　　(2) $y = \dfrac{1}{2-x}$

101 関数 $y = x^2 e^{-x}$ の第 4 次導関数を求めよ.　→ 教 p.63 問·3

102 次の関数の増減, 極値, グラフの凹凸, 変曲点を調べ, グラフの概形をかけ.　→ 教 p.65 問·4

(1) $y = 2x^3 - 3x^2$ 　　(2) $y = \dfrac{3}{4}x^4 + 2x^3 + 1$

103 関数 $f(x) = xe^{-2x}$ について, 次の問いに答えよ.　→ 教 p.66 問·5

(1) 関数 $f(x)$ の増減, 極値, グラフの凹凸, 変曲点を調べよ.

(2) $\displaystyle \lim_{x \to \pm\infty} f(x)$ を求め, グラフの概形をかけ.

104 関数 $f(x) = x^2 \log x$ の増減, 極値, グラフの凹凸, 変曲点を調べ, グラフの概形をかけ.　→ 教 p.67 問·6

105 表の t について (x, y) を求めることにより, 次の曲線の概形をかけ.　→ 教 p.69 問·7

(1) $x = t^2 - 1, y = t+1$ 　　$(-1 \leqq t \leqq 1)$

(2) $x = t^2 - t, y = t^2$ 　　$(-1 \leqq t \leqq 1)$

t	-1	$-\frac{1}{2}$	0	$\frac{1}{2}$	1
x					
y					

106 媒介変数 t によって　→ 教 p.70 問·8
$$x = \dfrac{e^t + e^{-t}}{2}, \; y = \dfrac{e^t - e^{-t}}{2}$$
と表される曲線は双曲線 $x^2 - y^2 = 1 \; (x > 0)$ であることを証明せよ.

107 次の媒介変数表示による関数について, $\dfrac{dy}{dx}$ を求めよ.　→ 教 p.71 問·9

(1) $x = \cos t, y = \cos 2t$ 　　(2) $x = t\sqrt{t}, y = \log t^2$

108 次の媒介変数で表される曲線上の (　) 内の t の値に対応する点を求めよ. また, その点における接線の方程式を求めよ.　→ 教 p.71 問·10

(1) $x = 1 + t^2, y = 1 - 2t$ 　　$(t = -1)$

(2) $x = 2\sin 2t, y = \sin 3t$ 　　$\left(t = \dfrac{\pi}{3}\right)$

109 x 軸上の動点 P は原点を出発してから t 秒後の x 座標が $x = t^3 - 9t^2 + 15t$ である. このとき, 次の問いに答えよ.　→ 教 p.73 問·11

(1) 2 秒後の点 P の x 座標, 速度 v, 加速度 α を求めよ.

(2) 点 P は運動の向きを 2 度変える. それは何秒後と何秒後か.

Check

110 次の関数の第 2 次導関数を求めよ.

(1) $y = \cos 2x$　　　　　　(2) $y = \sqrt{1 + 2x}$

111 次の関数の第 n 次導関数を求めよ.

(1) $y = \dfrac{1}{1 - 3x}$　　　　　(2) $y = \log(1 - x)$

112 $y = x^2 \sin x$ の第 5 次導関数を求めよ.

113 次の関数の増減, 極値, グラフの凹凸, 変曲点を調べ, グラフの概形をかけ.

(1) $y = \dfrac{1}{4} x^3 - 3x$　　　　(2) $y = \dfrac{1}{4} x^4 - \dfrac{3}{2} x^2$

114 関数 $f(x) = \log(x^2 + 1)$ について, 次の問いに答えよ.

(1) 関数 $f(x)$ の増減, 極値, グラフの凹凸, 変曲点を調べよ.

(2) $\lim\limits_{x \to \pm\infty} f(x)$ を求め, グラフの概形をかけ.

115 関数 $f(x) = \dfrac{2x}{x^2 + 1}$ について, 次の問いに答えよ.

(1) 関数 $f(x)$ の増減, 極値, グラフの凹凸, 変曲点を調べよ.

(2) $\lim\limits_{x \to \pm\infty} f(x)$ を求め, グラフの概形をかけ.

116 媒介変数 t によって表される次の曲線について, t を消去した x, y の方程式で表し, その概形をかけ.

(1) $x = 2t + 1, \ y = t^2$　　　　(2) $x = 4\cos t, \ y = 3\sin t$

117 媒介変数 t で表されている次の関数について, $\dfrac{dy}{dx}$ を求めよ.

(1) $x = t^3 + 2t, \ y = -t^2 + 3t$　　(2) $x = \tan t, \ y = \sin t$

118 次の媒介変数で表される曲線上の (　) 内の t の値に対応する点を求めよ. また, その点における接線の方程式を求めよ.

(1) $x = t^2 - 1, \ y = 1 - 2t^3$　　　$(t = 2)$

(2) $x = 3\sin 2t, \ y = 2\cos 3t$　　　$\left(t = \dfrac{\pi}{6}\right)$

119 数直線上の動点 P の座標 x が時刻 t の関数 $x = e^{-\pi t} \sin \pi t$ で表されるとき, $t = 1$ における点 P の速度, 加速度を求めよ.

Step up

例題 $y = \sin x$ のとき，任意の自然数 n について，次の等式を証明せよ．
$$y^{(n)} = \sin\left(x + \frac{n\pi}{2}\right)$$

解 　数学的帰納法を用いて証明する．

$n = 1$ のとき　$y' = \cos x = \sin\left(x + \frac{\pi}{2}\right)$ より等式が成り立つ．

$n = k$ のとき　$y^{(k)} = \sin\left(x + \frac{k\pi}{2}\right)$ とすると

$$y^{(k+1)} = \left(y^{(k)}\right)' = \cos\left(x + \frac{k\pi}{2}\right) = \sin\left(x + \frac{k\pi}{2} + \frac{\pi}{2}\right)$$

$$= \sin\left\{x + \frac{(k+1)\pi}{2}\right\}$$

よって，任意の自然数 n について　$y^{(n)} = \sin\left(x + \frac{n\pi}{2}\right)$　//

120 $y = \cos x$ のとき，任意の自然数 n について，$y^{(n)} = \cos\left(x + \frac{n\pi}{2}\right)$ であることを証明せよ．

121 $y = \dfrac{1}{\sqrt{1-2x}}$ のとき，任意の自然数 n について

$$y^{(n)} = \frac{(2n)!}{2^n\, n!}(1-2x)^{-n-\frac{1}{2}}$$

であることを証明せよ．

例題 媒介変数表示 $\begin{cases} x = \dfrac{1}{t+1} \\ y = \dfrac{1}{t-1} \end{cases}$ による関数について，$\dfrac{d^2y}{dx^2}$ を t の式で表せ．

解 　$\dfrac{dy}{dx} = \dfrac{\frac{dy}{dt}}{\frac{dx}{dt}} = \dfrac{-\frac{1}{(t-1)^2}}{-\frac{1}{(t+1)^2}} = \left(\dfrac{t+1}{t-1}\right)^2$

$\dfrac{d}{dt}\left(\dfrac{dy}{dx}\right) = 2\dfrac{t+1}{t-1}\dfrac{(t-1)-(t+1)}{(t-1)^2} = -4\dfrac{t+1}{(t-1)^3}$ だから

$$\dfrac{d^2y}{dx^2} = \dfrac{d}{dx}\left(\dfrac{dy}{dx}\right) = \dfrac{\frac{d}{dt}\left(\frac{dy}{dx}\right)}{\frac{dx}{dt}} = \dfrac{-4\frac{t+1}{(t-1)^3}}{-\frac{1}{(t+1)^2}} = 4\left(\dfrac{t+1}{t-1}\right)^3$$　//

122 次の媒介変数表示による関数について，$\dfrac{dy}{dx}$, $\dfrac{d^2y}{dx^2}$ を t の式で表せ．

(1) $\begin{cases} x = \sin t + 1 \\ y = \cos 2t \end{cases}$　(2) $\begin{cases} x = \sqrt{t+2} \\ y = t^2 + 2 \end{cases}$

例題 関数 $f(x) = x^3 - x$ について，次の問いに答えよ.

(1) $a = 0$, $b = 3$ のとき，平均値の定理の式 $\dfrac{f(b) - f(a)}{b - a} = f'(c)$

($a < c < b$) を満たす c の値を求めよ.

(2) $a = 0$, $h = 3$ のとき，平均値の定理の式 $\dfrac{f(a + h) - f(a)}{h} = f'(a + \theta h)$

($0 < \theta < 1$) を満たす θ の値を求めよ.

解 (1) $\dfrac{f(3) - f(0)}{3 - 0} = 8$, $f'(c) = 3c^2 - 1$ より　$8 = 3c^2 - 1$

よって，$c = \pm\sqrt{3}$ となり，$0 < c < 3$ だから　$c = \sqrt{3}$

(2) (1) の結果より，$3\theta = \sqrt{3}$ だから　$\theta = \dfrac{\sqrt{3}}{3}$　　　//

123 次の関数について，定数 a, h が（ ）内の値のとき，上の例題 (2) の平均値の定理の式を満たす θ の値を求めよ.

(1) $f(x) = x^2 + 2x$ 　　　　　($a = 1$, $h = 2$)

(2) $f(x) = \sqrt{x}$ 　　　　　　　($a = 1$, $h = 3$)

例題 上面の半径が 4 cm，深さが 12 cm である直円錐形の容器が，その軸が鉛直になるように置かれている．この容器に毎秒 6 cm³ の割合で静かに水を注ぐとき，水の深さが 9 cm になる瞬間の，水面の上昇する速さを求めよ.

解 水を注ぎ始めてから t 秒後の水面の半径を r cm，水の深さを h cm，水の量を V cm³ とする.

$r : h = 4 : 12$ だから　$r = \dfrac{h}{3}$

このとき　$V = \dfrac{1}{3}\pi r^2 h = \dfrac{1}{3}\pi\left(\dfrac{h}{3}\right)^2 h = \dfrac{\pi}{27}h^3$

t で微分して　$\dfrac{dV}{dt} = \dfrac{\pi}{27} \cdot 3h^2 \dfrac{dh}{dt}$

条件より，$\dfrac{dV}{dt} = 6$ だから，$h = 9$ のとき

$6 = \dfrac{\pi}{9} \cdot 9^2 \cdot \dfrac{dh}{dt}$ より　$\dfrac{dh}{dt} = \dfrac{2}{3\pi}$

したがって，水面の上昇する速さは $\dfrac{2}{3\pi}$ cm/秒　　　//

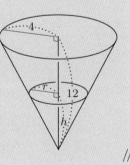

124 上面の 1 辺の長さが 10 cm，深さが 20 cm である正四角錐形の容器が，その軸が鉛直になるように置かれている．この容器に毎秒 8 cm³ の割合で静かに水を注ぐとき，水の深さが 12 cm になる瞬間における次の速さを求めよ.

(1) 水面の上昇する速さ 　　　　(2) 水面の面積の増加する速さ

Plus

1──漸近線

関数のグラフ上の点が，原点から限りなく遠ざかるにつれてある 1 つの直線に限りなく近づくとき，その直線をこのグラフの漸近線という．

例 1 $y = \dfrac{1}{x}$ のグラフの漸近線は，x 軸（直線 $y = 0$）および y 軸（直線 $x = 0$）である．

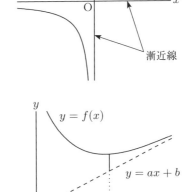

$y = \dfrac{1}{x}$

漸近線

関数 $y = f(x)$ のグラフが $x \to \infty$ のとき漸近線 $y = ax + b$ をもつとする．

このとき

$$\lim_{x \to \infty} \{ f(x) - (ax + b) \} = 0 \qquad (1)$$

変形して

$$\lim_{x \to \infty} \{ f(x) - ax \} = b \qquad (2)$$

また，(2) より

$$\lim_{x \to \infty} \left(\frac{f(x)}{x} - a \right) = \lim_{x \to \infty} \frac{f(x) - ax}{x} = 0$$

よって　　$\displaystyle \lim_{x \to \infty} \frac{f(x)}{x} = a$ \qquad\qquad (3)

$y = f(x)$

$y = ax + b$

(3) により定まる a を (2) に代入することにより，b が求められる．

逆に，(3) により a を定めたとき，(2) の極限値 b が存在すれば，直線 $y = ax + b$ が漸近線となる．$x \to -\infty$ のときも同様である．

例題 $f(x) = \dfrac{x^3}{x^2 + 2x + 3}$ のとき，曲線 $y = f(x)$ の漸近線を求めよ.

 解　(3), (2) より

$$a = \lim_{x \to \pm\infty} \frac{f(x)}{x} = \lim_{x \to \pm\infty} \frac{x^3}{x(x^2 + 2x + 3)}$$

$$= \lim_{x \to \pm\infty} \frac{1}{1 + \dfrac{2}{x} + \dfrac{3}{x^2}} = 1$$

$$b = \lim_{x \to \pm\infty} \{ f(x) - x \} = \lim_{x \to \pm\infty} \frac{-2x^2 - 3x}{x^2 + 2x + 3} = -2$$

よって，直線 $y = x - 2$ は $x \to \pm\infty$ のときの漸近線となる． \qquad //

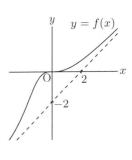

$y = f(x)$

125 関数 $f(x) = \sqrt{x^2 + x + 1}$ について，次の問いに答えよ.

(1) 曲線 $y = f(x)$ の $x \to \infty$ のときの漸近線を求めよ.

(2) 曲線 $y = f(x)$ の $x \to -\infty$ のときの漸近線を求めよ.

126 関数 $f(x) = \dfrac{x^2}{(\sqrt{x}+1)^2}$ について，次の問いに答えよ.

(1) $\displaystyle\lim_{x \to \infty} \dfrac{f(x)}{x}$ を求めよ.

(2) 曲線 $y = f(x)$ は漸近線をもつかを調べよ.

2──グラフのかき方

関数のグラフを正確にかくためには，次のような点に注意する.

●曲線の対称性　（偶関数，奇関数に注意する）

●グラフの存在範囲　（関数の定義域を調べる）

●関数の増減，極値，凹凸　（導関数，第 2 次導関数の正負を調べる）

●漸近線の有無　（定義域の両端や途切れるところで関数の極限を調べる）

●座標軸との交点　（$x = 0$, $y = 0$ に対応する点を調べる）

例題 関数 $y = \dfrac{x^3}{x^2-1}$ のグラフの概形をかけ.

解 $f(x) = \dfrac{x^3}{x^2-1}$ とおく.

$f(-x) = -f(x)$ よりこの関数は奇関数だから，グラフは原点に関して対称となる.

また，分母 $x^2 - 1 \neq 0$ より，定義域は　$x \neq \pm 1$

導関数，第 2 次導関数を計算すると

$$y' = \frac{x^2(x^2-3)}{(x^2-1)^2}, \quad y'' = \frac{2x(x^2+3)}{(x^2-1)^3}$$

$y' = 0$ となるのは $x = 0$, $\pm\sqrt{3}$, $y'' = 0$ となるのは $x = 0$

増減表は以下のようになる.

x	$\cdots$	$-\sqrt{3}$	$\cdots$	-1	$\cdots$	0	$\cdots$	1	$\cdots$	$\sqrt{3}$	$\cdots$
y'	$+$	0	$-$		$-$	0	$-$		$-$	0	$+$
y''	$-$	$-$	$-$		$+$	0	$-$		$+$	$+$	$+$
y	$\nearrow$	$-\dfrac{3\sqrt{3}}{2}$	$\searrow$		$\searrow$	0	$\searrow$		$\searrow$	$\dfrac{3\sqrt{3}}{2}$	$\nearrow$

また，$\displaystyle\lim_{x \to 1\pm 0} \dfrac{x^3}{x^2-1} = \pm\infty$ (複号同順) より，$x = 1$ は漸近線である.

同様に $x = -1$ も漸近線である.

他の漸近線について調べる.

$$\lim_{x \to \pm\infty} \frac{f(x)}{x}$$

$$= \lim_{x \to \pm\infty} \frac{x^3}{x(x^2-1)} = 1$$

$$\lim_{x \to \pm\infty} \{f(x) - x\}$$

$$= \lim_{x \to \pm\infty} \left(\frac{x^3}{x^2-1} - x \right) = 0$$

したがって, $y = x$ はこのグラフ
の漸近線となり, グラフは図のよ
うになる.

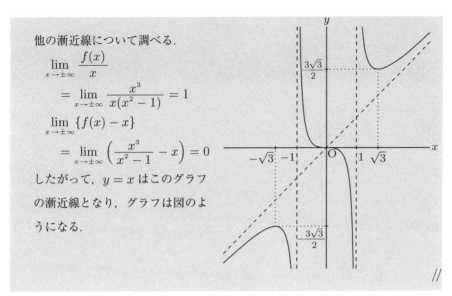

127 関数 $y = \dfrac{x^3 - x^2 + 4}{x^2}$ のグラフの概形をかけ.

128 関数 $y = \dfrac{x^2}{2} + \dfrac{1}{x}$ のグラフの概形をかけ.

3——いろいろな問題

129 関数 $f(x) = x^2 e^x$ について, $\displaystyle\lim_{x \to \pm\infty} f(x)$ を調べ, 増減表を作成し, グラフの概形を図示せよ. また, 極値, 変曲点を求めよ. 　　　　　　　　　　(岩手大 改)

130 k を定数, 曲線 $y = x^3 + kx + 1$ を C とする. 点 P$(1, 0)$ を通る曲線 C の接線が 3 本存在するときの k の範囲を求めよ. 　　　　　　　(山口大)

131 3 辺の長さが 1 である台形の面積の最大値を求めよ. 　　　　(長岡技科大)

132 次の極限値を求めよ.
(1) $\displaystyle\lim_{x \to 4} \frac{e^x - e^4}{x - 4}$ 　　　　(2) $\displaystyle\lim_{x \to 0} (\cos x)^{\frac{1}{\log(1 + x^2)}}$ 　　　(千葉大)

133 $0 < a < b < c$ のとき, 次の不等式を証明せよ.
$$\frac{\log b - \log a}{b - a} > \frac{\log c - \log b}{c - b}$$

134 x の関数 $f(x) = e^{-x^2}$ について, 以下の問いに答えよ.
(1) $f(x)$ を n 回微分した導関数を $f^{(n)}(x)$ とするとき, ある n 次の多項式 $\varphi_n(x)$ によって $f^{(n)}(x) = \varphi_n(x) e^{-x^2}$ と表されることを証明せよ.
(2) n を任意に固定する. このとき $\displaystyle\lim_{x \to \infty} f^{(n)}(x)$ は収束するかどうかを調べよ.

　　　　　　　　　　　　　　　　　　　　　　　　　　　(筑波大 改)

3 章　積分法

1 不定積分と定積分

まとめ

●不定積分

$$F(x) = \int f(x)\,dx + C \quad (C \text{ は積分定数}) \iff F'(x) = f(x)$$

●不定積分の公式

$$\int k\,dx = kx + C \quad (k \text{ は定数}) \qquad \int x^{\alpha}\,dx = \frac{1}{\alpha+1}x^{\alpha+1} + C \quad (\alpha \neq -1)$$

$$\int \frac{1}{x}\,dx = \log|x| + C \qquad \int e^{x}\,dx = e^{x} + C$$

$$\int \sin x\,dx = -\cos x + C \qquad \int \cos x\,dx = \sin x + C$$

$$\int \frac{dx}{\cos^{2}x} = \tan x + C \qquad \int \frac{dx}{\sin^{2}x} = -\cot x + C$$

$$\int \frac{dx}{\sqrt{a^{2}-x^{2}}} = \sin^{-1}\frac{x}{a} + C \quad (a > 0) \qquad \int \frac{dx}{x^{2}+a^{2}} = \frac{1}{a}\tan^{-1}\frac{x}{a} + C \quad (a \neq 0)$$

$$\int \frac{dx}{\sqrt{x^{2}+A}} = \log\left|x + \sqrt{x^{2}+A}\right| + C \quad (A \neq 0)$$

●積分の性質

$$\circ \int kf(x)\,dx = k\int f(x)\,dx \quad (k \text{ は定数})$$

$$\int \{f(x) \pm g(x)\}\,dx = \int f(x)\,dx \pm \int g(x)\,dx \quad (\text{複号同順})$$

$$\int f(ax+b)\,dx = \frac{1}{a}F(ax+b) + C \quad (a \neq 0)$$

$$\int_{a}^{b} f(x)\,dx = \int_{a}^{c} f(x)\,dx + \int_{c}^{b} f(x)\,dx$$

$$\circ \text{区間 } [a,\ b] \text{ で } f(x) \geqq g(x) \text{ のとき } \int_{a}^{b} f(x)\,dx \geqq \int_{a}^{b} g(x)\,dx$$

●微分積分法の基本定理と定積分の計算法

$$\frac{d}{dx}\int_{a}^{x} f(t)dt = f(x), \qquad \int_{a}^{b} f(x)\,dx = \left[F(x)\right]_{a}^{b} = F(b) - F(a)$$

●偶関数・奇関数の定積分

$$f(x) \text{ が偶関数のとき } \int_{-a}^{a} f(x)\,dx = 2\int_{0}^{a} f(x)\,dx$$

$$f(x) \text{ が奇関数のとき } \int_{-a}^{a} f(x)\,dx = 0$$

$f(x)$ が偶関数のとき
（グラフは y 軸対称）

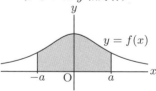

$f(x)$ が奇関数のとき
（グラフは原点対称）

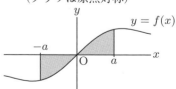

Basic

135 次の不定積分を求めよ.

→教 p.84 問·1

(1) $\displaystyle\int x^6\,dx$
(2) $\displaystyle\int \frac{dx}{x^5}$

(3) $\displaystyle\int x^2\sqrt{x}\,dx$
(4) $\displaystyle\int \frac{dx}{\sqrt[3]{x}}$

136 次の関数の不定積分を求めよ.

→教 p.85 問·2

(1) $x^3 + 2x^2 + 8x - 3$
(2) $5\sin x + 3e^x$

(3) $4\cos x + \dfrac{7}{x}$
(4) $\left(x^2 + \dfrac{3}{x}\right)^2$

137 次の不定積分を求めよ.

→教 p.85 問·3

(1) $\displaystyle\int (3x+1)^5\,dx$
(2) $\displaystyle\int \cos 2x\,dx$

(3) $\displaystyle\int 3e^{2x-1}\,dx$
(4) $\displaystyle\int \frac{dx}{5x+4}$

138 定義に従って $\displaystyle\int_0^1 x^3\,dx$ の値を求めたい.
区間 $[0,\ 1]$ を n 等分して考えるとき, 次の
問いに答えよ.

→教 p.88 問·4

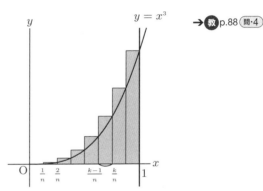

(1) $\displaystyle\sum_{k=1}^{n} k^3 = \frac{n^2(n+1)^2}{4}$ を用いて S_Δ を
求めよ.

(2) $\displaystyle\int_0^1 x^3\,dx = \frac{1}{4}$ となることを証明せよ.

139 $\displaystyle\int_0^1 x\,dx = \frac{1}{2},\ \int_0^1 x^2\,dx = \frac{1}{3},\ \int_0^1 x^3\,dx = \frac{1}{4}$ を用いて, 次の定積分の値を
求めよ.

→教 p.89 問·5

(1) $\displaystyle\int_0^1 (2x+3)\,dx$
(2) $\displaystyle\int_0^1 (5x^3 - 3x^2 + 4x + 2)\,dx$

140 次の定積分の値を求めよ.

→教 p.93 問·6

(1) $\displaystyle\int_0^\pi \sin x\,dx$
(2) $\displaystyle\int_0^1 \sqrt{x}\,dx$

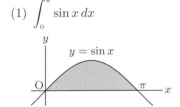
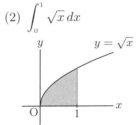

141 次の定積分の値を求めよ. → 教 p.94 問·7

(1) $\displaystyle\int_0^3 (3x^2 - 4x + 1)\,dx$

(2) $\displaystyle\int_1^2 \left(2x - \frac{1}{x}\right)^2 dx$

(3) $\displaystyle\int_{\frac{\pi}{6}}^{\frac{2\pi}{3}} (\cos x + 2\sin x)\,dx$

(4) $\displaystyle\int_0^1 (e^x - e^{-x})\,dx$

142 次の定積分の値を求めよ. → 教 p.95 問·8

(1) $\displaystyle\int_{-2}^2 (x^3 + 5x^2 - 4x + 2)\,dx$

(2) $\displaystyle\int_{-\frac{\pi}{4}}^{\frac{\pi}{4}} (3\sin x + 2\cos x)\,dx$

143 次の図形の面積を求めよ. → 教 p.95 問·9

(1) 曲線 $y = x^3$ と直線 $x = 2$, および x 軸で囲まれた図形

(2) 曲線 $y = \cos x \left(\dfrac{\pi}{6} \leqq x \leqq \dfrac{\pi}{2}\right)$ と直線 $x = \dfrac{\pi}{6}$, および x 軸で囲まれた図形

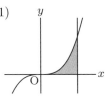
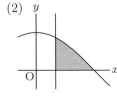

144 次の図形の面積を求めよ. → 教 p.95 問·10

(1) 曲線 $y = x^2 - 4$ と x 軸で囲まれた図形

(2) 曲線 $y = \cos x \left(\dfrac{\pi}{2} \leqq x \leqq \pi\right)$ と x 軸および直線 $x = \pi$ で囲まれた図形

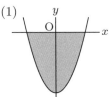
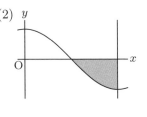

145 次の不定積分を求めよ. → 教 p.96 問·11

(1) $\displaystyle\int \frac{2\sin^3 x + 3}{\sin^2 x}\,dx$

(2) $\displaystyle\int \frac{\sin^2 x - \cos^2 x}{\cos^2 x \sin^2 x}\,dx$

146 次の不定積分を求めよ. → 教 p.97 問·12

(1) $\displaystyle\int \frac{dx}{\sqrt{9 - x^2}}$

(2) $\displaystyle\int \frac{dx}{\sqrt{x^2 - 9}}$

(3) $\displaystyle\int \frac{x^2 + 6}{x^2 + 4}\,dx$

147 次の定積分の値を求めよ. → 教 p.98 問·13

(1) $\displaystyle\int_0^{2\sqrt{3}} \frac{dx}{\sqrt{16 - x^2}}$

(2) $\displaystyle\int_0^2 \frac{dx}{\sqrt{x^2 + 5}}$

(3) $\displaystyle\int_{-1}^3 \frac{dx}{x^2 + 3}$

Check

148 次の不定積分を求めよ.

(1) $\displaystyle\int (2x^3 - 7x^2 + 3x + 4)\,dx$

(2) $\displaystyle\int \left(x\sqrt{x} - \frac{1}{\sqrt{x}} \right)^2 dx$

(3) $\displaystyle\int \sqrt{3x + 4}\,dx$

(4) $\displaystyle\int \{2\cos 3x - 3\sin(5x + 1)\}\,dx$

(5) $\displaystyle\int \frac{2}{3 - 5x}\,dx$

(6) $\displaystyle\int \frac{e^{2x} + e^{-x}}{e^x}\,dx$

149 定積分の定義に従って $\displaystyle\int_0^1 (x - 2)\,dx$ の値を求めよ.

150 次の定積分の値を求めよ.

(1) $\displaystyle\int_{-2}^3 (2x^3 - 3x^2 + 3x + 1)\,dx$

(2) $\displaystyle\int_1^4 \left(3\sqrt{x} - \frac{1}{x} \right)\,dx$

(3) $\displaystyle\int_{-\frac{2}{3}}^2 \sqrt[3]{3x + 2}\,dx$

(4) $\displaystyle\int_{-1}^1 \frac{dx}{(2x + 3)^2}$

(5) $\displaystyle\int_0^{\frac{\pi}{6}} (\sin 3x - 4\cos 2x)\,dx$

(6) $\displaystyle\int_0^1 (e^x + 3)^2\,dx$

151 次の定積分の値を求めよ.

(1) $\displaystyle\int_{-3}^3 (4x^3 - x^2 - 5x + 2)\,dx$

(2) $\displaystyle\int_{-\frac{\pi}{6}}^{\frac{\pi}{6}} (\sin 4x + 2\cos 3x)\,dx$

(3) $\displaystyle\int_{-4}^4 (e^x - e^{-x})\,dx$

(4) $\displaystyle\int_{-1}^1 (e^x + e^{-x})\,dx$

152 次の図形の面積を求めよ.

(1) 曲線 $y = \dfrac{1}{x^4}$ と x 軸および 2 直線 $x = 1$, $x = 2$ で囲まれた図形

(2) 曲線 $y = \sqrt{x} - 2$ と x 軸, y 軸で囲まれた図形

153 次の不定積分を求めよ.

(1) $\displaystyle\int \frac{dx}{\sqrt{3 - x^2}}$

(2) $\displaystyle\int \frac{dx}{\sqrt{3 + x^2}}$

(3) $\displaystyle\int (1 + \tan x)(1 - \tan x)\,dx$

(4) $\displaystyle\int \frac{x^3 + 4x + 2}{x^2 + 4}\,dx$

154 次の定積分の値を求めよ.

(1) $\displaystyle\int_1^{\sqrt{2}} \frac{dx}{\sqrt{2 - x^2}}$

(2) $\displaystyle\int_0^4 \frac{dx}{16 + x^2}$

(3) $\displaystyle\int_0^1 \frac{dx}{\sqrt{x^2 + 4}}$

(4) $\displaystyle\int_{\frac{\pi}{6}}^{\frac{\pi}{4}} \frac{1 - 2\sin^3 x}{\sin^2 x}\,dx$

Step up

例題 次の不定積分を求めよ.

$$(1) \int \frac{dx}{\sqrt{-4x^2 + 12x}} \qquad (2) \int \tan^2(3x - 1)\, dx$$

解 (1) $-4x^2 + 12x = -(2x-3)^2 + 9$ と $\displaystyle\int \frac{dx}{\sqrt{9 - x^2}} = \sin^{-1}\frac{x}{3} + C$ より

$$与式 = \int \frac{dx}{\sqrt{9 - (2x-3)^2}} = \frac{1}{2} \sin^{-1}\frac{2x-3}{3} + C$$

(2) $\tan^2 x = \dfrac{1}{\cos^2 x} - 1$ と $\displaystyle\int \frac{dx}{\cos^2 x} = \tan x + C$ より

$$与式 = \int \left\{ \frac{1}{\cos^2(3x-1)} - 1 \right\} dx = \frac{1}{3}\tan(3x-1) - x + C \qquad //$$

155 次の不定積分を求めよ.

$$(1) \int \frac{dx}{\sqrt{-4x^2 - 4x + 8}} \qquad (2) \int \frac{dx}{\sqrt{4x^2 - 4x + 8}}$$

$$(3) \int \cot^2(3 - 2x)\, dx$$

例題 次の不定積分を求めよ.

$$\int \frac{dx}{\sqrt{x+1} - \sqrt{x}}$$

解 被積分関数の分母と分子に $\sqrt{x+1} + \sqrt{x}$ を掛けて

$$与式 = \int \frac{\sqrt{x+1} + \sqrt{x}}{(\sqrt{x+1} - \sqrt{x})(\sqrt{x+1} + \sqrt{x})} dx$$

$$= \int \frac{\sqrt{x+1} + \sqrt{x}}{(x+1) - x} dx = \int (\sqrt{x+1} + \sqrt{x})\, dx$$

$$= \frac{2}{3}(x+1)^{\frac{3}{2}} + \frac{2}{3}x^{\frac{3}{2}} + C$$

$$= \frac{2}{3}\left\{ (x+1)\sqrt{x+1} + x\sqrt{x} \right\} + C \qquad //$$

156 次の不定積分を求めよ.

$$(1) \int \frac{x}{1 + \sqrt{x+1}}\, dx \qquad (2) \int \frac{x}{\sqrt{1+x} + \sqrt{1-x}}\, dx$$

$$(3) \int \frac{x-1}{\sqrt{x}+1}\, dx \qquad (4) \int \frac{e^{2x} - e^{-2x}}{e^x - e^{-x}}\, dx$$

例題 次の定積分の値を求めよ.

$$\int_0^3 |x^2 + x - 2|\, dx$$

解 2 次不等式 $x^2 + x - 2 \geqq 0$ を解くと, $x \leqq -2$, $x \geqq 1$ となるから, $|x^2 + x - 2|$ は x の範囲によって次のように場合分けされる.

$$|x^2 + x - 2| = \begin{cases} x^2 + x - 2 & (x \leqq -2,\ x \geqq 1) \\ -(x^2 + x - 2) & (-2 < x < 1) \end{cases}$$

したがって

$$\int_0^3 |x^2 + x - 2|\, dx = -\int_0^1 (x^2 + x - 2)\, dx + \int_1^3 (x^2 + x - 2)\, dx$$

$$= -\left[\frac{1}{3}x^3 + \frac{1}{2}x^2 - 2x\right]_0^1 + \left[\frac{1}{3}x^3 + \frac{1}{2}x^2 - 2x\right]_1^3$$

$$= \frac{59}{6} \qquad\qquad //$$

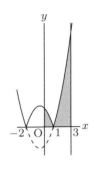

157 次の定積分の値を求めよ.

(1) $\displaystyle\int_0^3 |x - 1|\, dx$

(2) $\displaystyle\int_0^2 |x^2 - x|\, dx$

(3) $\displaystyle\int_{-\frac{\pi}{3}}^{\frac{\pi}{2}} |\sin x|\, dx$

(4) $\displaystyle\int_0^{\frac{\pi}{2}} |\cos x - \sin 2x|\, dx$

(4) $\sin 2x = 2\sin x \cos x$ を用いよ.

例題 次の不等式が成り立つことを証明せよ.

(1) $0 \leqq x \leqq 1$ のとき $\quad \dfrac{1}{1 + x} \leqq \dfrac{1}{1 + x\sqrt{x}} \leqq \dfrac{1}{1 + x^2}$

(2) $\log 2 < \displaystyle\int_0^1 \dfrac{dx}{1 + x\sqrt{x}} < \dfrac{\pi}{4}$

解 (1) $0 \leqq x \leqq 1$ において $x \leqq \sqrt{x} \leqq 1$ だから $\quad x^2 \leqq x\sqrt{x} \leqq x$

それぞれに 1 を加えて逆数をとると

$$\frac{1}{1 + x} \leqq \frac{1}{1 + x\sqrt{x}} \leqq \frac{1}{1 + x^2}$$

(2) (1) より

$$\int_0^1 \frac{dx}{1 + x} \leqq \int_0^1 \frac{dx}{1 + x\sqrt{x}} \leqq \int_0^1 \frac{dx}{1 + x^2}$$

$0 \leqq x \leqq 1$ において, $\dfrac{1}{1 + x}$, $\dfrac{1}{1 + x\sqrt{x}}$, $\dfrac{1}{1 + x^2}$ は連続で

$$\frac{1}{1 + x} < \frac{1}{1 + x\sqrt{x}} < \frac{1}{1 + x^2}$$

を満たす点があるから

$$\int_0^1 \frac{dx}{1 + x} < \int_0^1 \frac{dx}{1 + x\sqrt{x}} < \int_0^1 \frac{dx}{1 + x^2}$$

また

$$\int_0^1 \frac{dx}{1+x} = \Big[\log|1+x| \Big]_0^1 = \log 2 - \log 1 = \log 2$$

$$\int_0^1 \frac{dx}{1+x^2} = \Big[\tan^{-1}x \Big]_0^1 = \tan^{-1}1 - \tan^{-1}0 = \frac{\pi}{4}$$

以上より

$$\log 2 < \int_0^1 \frac{dx}{1+x\sqrt{x}} < \frac{\pi}{4} \hspace{3em} /\!/$$

158 次の不等式を証明せよ.

(1) $\dfrac{1}{2} < \displaystyle\int_0^1 \dfrac{dx}{1+\sin^2 x} < 1$ 　　　　(2) $\dfrac{1}{2} < \displaystyle\int_0^{\frac{1}{2}} \dfrac{dx}{\sqrt{1-x^3}} < \dfrac{\pi}{6}$

例題 　等式 $f(x) = x^2 + \displaystyle\int_0^3 f(t)\,dt$ を満たす関数 $f(x)$ を求めよ.

· ·

解 　$\displaystyle\int_0^3 f(t)\,dt = c$ とおくと 　$f(x) = x^2 + c$

したがって

$$c = \int_0^3 f(t)\,dt = \int_0^3 (t^2 + c)\,dt = \Big[\frac{1}{3}t^3 + ct \Big]_0^3 = 9 + 3c$$

これより 　$c = -\dfrac{9}{2}$ 　 $\therefore \ f(x) = x^2 - \dfrac{9}{2}$ 　　　　　　 $/\!/$

---

159 次の等式を満たす関数 $f(x)$ を求めよ.

(1) $f(x) = \cos x + \displaystyle\int_0^{\frac{\pi}{2}} f(t)\,dt$ 　　　　(2) $f(x) = 1 + \displaystyle\int_{-1}^1 x^2 f(t)\,dt$

② 積分の計算

まとめ

●不定積分の置換積分法

$$\int f\big(\varphi(x)\big)\varphi'(x)\,dx = \int f(t)\,dt$$
$$\varphi(x) = t,\ \varphi'(x)\,dx = dt$$

●定積分の置換積分法

$\varphi(a) = \alpha,\ \varphi(b) = \beta$ とおくと

$$\int_a^b f\big(\varphi(x)\big)\varphi'(x)\,dx = \int_\alpha^\beta f(t)\,dt$$

$$\varphi(x) = t,\ \varphi'(x)\,dx = dt$$

x	a	$\to$	b
t	α	$\to$	β

●不定積分の部分積分法

$\displaystyle\int g(x)\,dx = G(x)$ とおくと

$$\int f(x)g(x)\,dx = f(x)G(x) - \int f'(x)G(x)\,dx$$

●定積分の部分積分法

$$\int_a^b f(x)g(x)\,dx = \Big[f(x)G(x)\Big]_a^b - \int_a^b f'(x)G(x)\,dx$$

●不定積分の公式 （積分定数は省略）

$$\int \frac{f'(x)}{f(x)}\,dx = \log|f(x)|$$

$$\int e^{ax}\cos bx\,dx = \frac{e^{ax}}{a^2 + b^2}(a\cos bx + b\sin bx) \qquad (a \ne 0,\ b \ne 0)$$

$$\int e^{ax}\sin bx\,dx = \frac{e^{ax}}{a^2 + b^2}(a\sin bx - b\cos bx) \qquad (a \ne 0,\ b \ne 0)$$

$$\int \frac{dx}{x^2 - a^2} = \frac{1}{2a}\log\left|\frac{x-a}{x+a}\right| \qquad (a > 0)$$

$$\int \sqrt{a^2 - x^2}\,dx = \frac{1}{2}\left(x\sqrt{a^2 - x^2} + a^2\sin^{-1}\frac{x}{a}\right) \qquad (a > 0)$$

$$\int \sqrt{x^2 + A}\,dx = \frac{1}{2}\left(x\sqrt{x^2 + A} + A\log\left|x + \sqrt{x^2 + A}\right|\right) \quad (A \ne 0)$$

●定積分の公式

$n \geqq 2$ のとき

$$\int_0^{\frac{\pi}{2}} \sin^n x\,dx = \int_0^{\frac{\pi}{2}} \cos^n x\,dx = \begin{cases} \dfrac{n-1}{n}\cdot\dfrac{n-3}{n-2}\cdots\dfrac{3}{4}\cdot\dfrac{1}{2}\cdot\dfrac{\pi}{2} & (n\text{ が偶数のとき}) \\[2mm] \dfrac{n-1}{n}\cdot\dfrac{n-3}{n-2}\cdots\dfrac{4}{5}\cdot\dfrac{2}{3} & (n\text{ が奇数のとき}) \end{cases}$$

Basic

160 次の不定積分を求めよ.

$(1)\quad \displaystyle\int (\cos x + 2)^4 \sin x\, dx$

$(2)\quad \displaystyle\int \frac{dx}{\sqrt{3x+5}}$

$(3)\quad \displaystyle\int x^2 \sqrt{x^3 + 1}\, dx$

$(4)\quad \displaystyle\int \frac{(\log x)^3}{x}\, dx$

→ 教 p.102 問·1

161 次の不定積分を求めよ.

$(1)\quad \displaystyle\int \frac{\cos x}{\sin x + 3}\, dx$

$(2)\quad \displaystyle\int \frac{e^{2x}}{e^{2x} + 3}\, dx$

$(3)\quad \displaystyle\int \frac{3x^2}{x^3 + 1}\, dx$

$(4)\quad \displaystyle\int \frac{x + 2}{x^2 + 4x - 5}\, dx$

→ 教 p.102 問·2

162 次の定積分の値を求めよ.

$(1)\quad \displaystyle\int_{-1}^{\frac{1}{2}} (2x + 1)^4\, dx$

$(2)\quad \displaystyle\int_{0}^{2} \frac{x}{\sqrt{x^2 + 1}}\, dx$

$(3)\quad \displaystyle\int_{0}^{\frac{\pi}{3}} \cos^3 x \sin x\, dx$

$(4)\quad \displaystyle\int_{e}^{e^2} \frac{dx}{x(\log x)^2}$

→ 教 p.103 問·3

163 次の不定積分を求めよ.

$(1)\quad \displaystyle\int (x + 2) \sin x\, dx$

$(2)\quad \displaystyle\int x e^{5x}\, dx$

→ 教 p.104 問·4

164 次の不定積分を求めよ.

$(1)\quad \displaystyle\int x^2 \log x\, dx$

$(2)\quad \displaystyle\int \frac{\log x}{x^3}\, dx$

→ 教 p.105 問·5

165 次の不定積分を求めよ.

$(1)\quad \displaystyle\int x^2 \sin x\, dx$

$(2)\quad \displaystyle\int x^2 \cos 3x\, dx$

→ 教 p.106 問·6

166 次の定積分の値を求めよ.

$(1)\quad \displaystyle\int_{0}^{1} x e^{-x}\, dx$

$(2)\quad \displaystyle\int_{0}^{\frac{\pi}{2}} x \sin 2x\, dx$

$(3)\quad \displaystyle\int_{1}^{e} x \log x\, dx$

$(4)\quad \displaystyle\int_{0}^{\frac{\pi}{2}} x^2 \cos x\, dx$

→ 教 p.107 問·7

167 次の不定積分を求めよ.

$(1)\quad \displaystyle\int \frac{x}{(x-1)^4}\, dx$

$(2)\quad \displaystyle\int x \sqrt{x + 3}\, dx$

→ 教 p.108 問·8

168 次の定積分の値を求めよ.

$(1)\quad \displaystyle\int_{-1}^{1} \sqrt{1 - x^2}\, dx$

$(2)\quad \displaystyle\int_{1}^{2} \sqrt{4 - x^2}\, dx$

→ 教 p.109 問·9

169 公式を用いて，次の不定積分を求めよ.

$(1)\quad \displaystyle\int e^{4x} \sin 2x\, dx$

$(2)\quad \displaystyle\int e^{-x} \cos 3x\, dx$

→ 教 p.109 問·10 問·11

170 次の不定積分を求めよ. → 教 p.110 問・12

(1) $\displaystyle\int \frac{2x^2+5x+1}{x+2}\,dx$

(2) $\displaystyle\int \frac{dx}{x^2-2x-3}$

171 次の問いに答えよ. → 教 p.111 問・13

(1) 次の恒等式が成り立つように定数 a, b, c の値を定めよ.

$$\frac{2x^2+6x-5}{x^2(x-1)} = \frac{ax+b}{x^2} + \frac{c}{x-1}$$

(2) 不定積分 $\displaystyle\int \frac{2x^2+6x-5}{x^2(x-1)}\,dx$ を求めよ.

172 公式を用いて,次の不定積分を求めよ. → 教 p.111 問・14

(1) $\displaystyle\int \frac{dx}{x^2-9}$

(2) $\displaystyle\int \frac{dx}{16-x^2}$

173 公式を用いて,次の不定積分を求めよ. → 教 p.112 問・15

(1) $\displaystyle\int \sqrt{x^2+2}\,dx$

(2) $\displaystyle\int \sqrt{x^2-5}\,dx$

174 公式を用いて,定積分 $\displaystyle\int_{-2}^{2} \sqrt{4-x^2}\,dx$ の値を求めよ. → 教 p.112 問・16

175 次の定積分の値を求めよ. → 教 p.112 問・17

(1) $\displaystyle\int_{-2}^{-1} \sqrt{x^2+4x+7}\,dx$

(2) $\displaystyle\int_{3}^{4} \sqrt{-7+6x-x^2}\,dx$

176 次の不定積分を求めよ. → 教 p.113 問・18

(1) $\displaystyle\int \sin 6x \cos 3x\,dx$

(2) $\displaystyle\int \sin 4x \sin 2x\,dx$

177 次の定積分の値を求めよ. → 教 p.115 問・19

(1) $\displaystyle\int_{0}^{\frac{\pi}{2}} \cos^8 x\,dx$

(2) $\displaystyle\int_{0}^{\frac{\pi}{2}} \sin^7 x\,dx$

(3) $\displaystyle\int_{0}^{\frac{\pi}{2}} \sin^3 x \cos^2 x\,dx$

(4) $\displaystyle\int_{-\frac{\pi}{2}}^{\frac{\pi}{2}} \cos^4 x\,dx$

Check

178 次の不定積分を求めよ.

(1) $\displaystyle \int \frac{2x+3}{(x^2+3x+1)^5} \, dx$

(2) $\displaystyle \int \cos x \sqrt{\sin x + 2} \, dx$

(3) $\displaystyle \int \frac{3e^{3x}+4}{e^{3x}+4x-1} \, dx$

(4) $\displaystyle \int \frac{dx}{x(\log x)^3}$

(5) $\displaystyle \int \tan(3x+2) \, dx$

(6) $\displaystyle \int \frac{\tan x + 1}{\cos^2 x} \, dx$

179 次の不定積分を求めよ.

(1) $\displaystyle \int (x+1)\cos x \, dx$

(2) $\displaystyle \int x e^{-2x} \, dx$

(3) $\displaystyle \int \log(x+3) \, dx$

(4) $\displaystyle \int (x^2+1)\sin x \, dx$

180 次の定積分の値を求めよ.

(1) $\displaystyle \int_0^1 x(x^2+1)^3 \, dx$

(2) $\displaystyle \int_0^1 x e^{4x} \, dx$

(3) $\displaystyle \int_1^e (2x-1)\log x \, dx$

(4) $\displaystyle \int_e^{e^2} \frac{dx}{x \log 3x}$

181 次の不定積分を求めよ.

(1) $\displaystyle \int \frac{2x^2-5x}{2x+1} \, dx$

(2) $\displaystyle \int \frac{x}{(x-1)(x+2)} \, dx$

(3) $\displaystyle \int \frac{dx}{9x^2-4}$

(4) $\displaystyle \int \frac{(x+2)^2}{x^2+4} \, dx$

182 次の不定積分を求めよ.

(1) $\displaystyle \int \frac{x}{\sqrt{2x+1}} \, dx$

(2) $\displaystyle \int e^{3x}\cos 5x \, dx$

(3) $\displaystyle \int \sqrt{x^2-1} \, dx$

(4) $\displaystyle \int \cos 2x \cos 3x \, dx$

183 次の定積分の値を求めよ.

(1) $\displaystyle \int_1^{\sqrt{2}} \sqrt{2-x^2} \, dx$

(2) $\displaystyle \int_{-2}^0 \sqrt{12-4x-x^2} \, dx$

(3) $\displaystyle \int_{-2}^{-1} \sqrt{x^2+6x+8} \, dx$

(4) $\displaystyle \int_0^{\frac{\pi}{2}} \cos^5 x \sin^2 x \, dx$

Step up

例題 次の不定積分を求めよ.

$$\int \tan^{-1}x\, dx$$

解 部分積分法を用いて

$$\int \tan^{-1}x\, dx = \int 1\cdot \tan^{-1}x\, dx = x\tan^{-1}x - \int x\cdot \frac{1}{1+x^2}\, dx$$

$$= x\tan^{-1}x - \frac{1}{2}\int \frac{2x}{1+x^2}\, dx$$

$$= x\tan^{-1}x - \frac{1}{2}\log(1+x^2) \qquad //$$

184 次の不定積分を求めよ.

(1) $\displaystyle\int \cos^{-1}x\, dx$　　　　(2) $\displaystyle\int x\tan^{-1}x\, dx$

(3) $\displaystyle\int x\sin^{-1}x\, dx$

例題 次の定積分の値を求めよ. ただし, a は正の定数とする.

$$\int_0^a \frac{dx}{(x^2+a^2)^2}$$

解 $x = a\tan\theta$ とおくと　$dx = \dfrac{a}{\cos^2\theta}\, d\theta$

x と θ の対応は表のようになるから

x	0	→	a
θ	0	→	$\frac{\pi}{4}$

$$\int_0^a \frac{dx}{(x^2+a^2)^2} = \int_0^{\frac{\pi}{4}} \frac{d\theta}{a^3(\tan^2\theta+1)^2\cos^2\theta}$$

$$= \frac{1}{a^3}\int_0^{\frac{\pi}{4}} \cos^2\theta\, d\theta \quad \left(\tan^2\theta+1 = \frac{1}{\cos^2\theta}\text{を用いた}\right)$$

$$= \frac{1}{2a^3}\int_0^{\frac{\pi}{4}} (1+\cos 2\theta)\, d\theta$$

$$= \frac{1}{2a^3}\left[\theta + \frac{1}{2}\sin 2\theta\right]_0^{\frac{\pi}{4}} = \frac{1}{8a^3}(\pi+2) \qquad //$$

185 次の定積分の値を求めよ.

(1) $\displaystyle\int_0^{\sqrt{3}} \frac{dx}{(x^2+9)^2}$　　　　(2) $\displaystyle\int_0^3 \frac{dx}{(x^2+3)^{\frac{5}{2}}}$

例題 次の定積分の値を求めよ.

$$\int_0^\pi \sqrt{1+\cos x}\, dx$$

解 半角の公式を用いて

$$\int_0^\pi \sqrt{1+\cos x}\,dx = \int_0^\pi \sqrt{2\cdot\frac{1+\cos x}{2}}\,dx = \int_0^\pi \sqrt{2\cos^2\frac{x}{2}}\,dx$$

$0 \leqq \dfrac{x}{2} \leqq \dfrac{\pi}{2}$ より $\cos\dfrac{x}{2} \geqq 0$

したがって

$$与式 = \int_0^\pi \sqrt{2}\cos\frac{x}{2}\,dx = \left[2\sqrt{2}\sin\frac{x}{2}\right]_0^\pi = 2\sqrt{2} \qquad //$$

186 次の定積分の値を求めよ.

(1) $\displaystyle\int_0^\pi \sqrt{1-\cos 2x}\,dx$ 　　　　　(2) $\displaystyle\int_0^{\frac{\pi}{2}} \sqrt{1-\sin x}\,dx$

(2) $\sin x = \cos\left(\dfrac{\pi}{2}-x\right)$ を用いよ.

例題 $I_n = \displaystyle\int \dfrac{dx}{(x^2+1)^n}$ とおくとき

$$I_1 = \tan^{-1}x\,,\quad I_{n+1} = \frac{1}{2n}\left\{\frac{x}{(x^2+1)^n} + (2n-1)I_n\right\}\quad(n\geqq 1)$$

を証明せよ.

. . . .

解 まず, $I_1 = \displaystyle\int \dfrac{dx}{x^2+1} = \tan^{-1}x$ である.

次に, 部分積分法を用いて

$$I_n = \frac{x}{(x^2+1)^n} - \int \frac{-2nx^2}{(x^2+1)^{n+1}}\,dx$$

$$= \frac{x}{(x^2+1)^n} + 2n\int \frac{x^2+1-1}{(x^2+1)^{n+1}}\,dx$$

$$= \frac{x}{(x^2+1)^n} + 2nI_n - 2nI_{n+1}$$

$$\therefore\quad I_{n+1} = \frac{1}{2n}\left\{\frac{x}{(x^2+1)^n} + (2n-1)I_n\right\} \qquad //$$

187 $I_n = \displaystyle\int x^n e^x\,dx$ とおくとき

$$I_n = x^n e^x - nI_{n-1}\quad(n\geqq 1)$$

を証明せよ. また, これにより $\displaystyle\int x^3 e^x\,dx$ を求めよ. 　　　　　(秋田大)

188 $I_n = \displaystyle\int \dfrac{dx}{\sqrt{(1-x^2)^n}}$ $(-1 < x < 1)$ とおくとき, 次の関係式を証明せよ.

$$I_1 = \sin^{-1}x,\ I_2 = \frac{1}{2}\log\frac{1+x}{1-x}$$

$$I_{n+2} = \frac{1}{n}\left\{\frac{x}{\sqrt{(1-x^2)^n}} + (n-1)I_n\right\}\quad(n\geqq 1)$$

Plus

1——定積分の定義式の利用

定積分の定義式において，積分区間 $[a, b]$ を n 等分することにすると

$$\Delta x_k = x_k - x_{k-1} = \frac{b-a}{n} \quad (k = 1, 2, \cdots, n)$$

となるから，$\Delta x_k \to 0$ と $n \to \infty$ は同値である．

特に，$a = 0$，$b = 1$ とすると

$$\Delta x_k = \frac{1}{n} \quad (k = 1, 2, \cdots, n), \quad x_k = \frac{k}{n} \quad (k = 0, 1, 2, \cdots, n)$$

となるから，積分の定義式は次のように表すことができる．

$$\int_0^1 f(x)\,dx = \lim_{n \to \infty} \sum_{k=1}^n f\left(\frac{k}{n}\right)\frac{1}{n}$$

$$= \lim_{n \to \infty} \frac{1}{n}\left\{f\left(\frac{1}{n}\right) + f\left(\frac{2}{n}\right) + \cdots + f\left(\frac{n}{n}\right)\right\} \tag{1}$$

(1) は，右辺によって定積分の値を求めるというよりも，むしろ右辺で表される極限を定積分によって求めるときに用いられる．

例題 $\displaystyle\lim_{n \to \infty} \frac{1}{n^4}\left(1^3 + 2^3 + \cdots + n^3\right)$ を求めよ．

解 $\displaystyle\lim_{n \to \infty} \frac{1}{n^4}\left(1^3 + 2^3 + \cdots + n^3\right) = \lim_{n \to \infty} \frac{1}{n}\sum_{k=1}^n \left(\frac{k}{n}\right)^3$ となるから

$$\lim_{n \to \infty} \frac{1}{n^4}\left(1^3 + 2^3 + \cdots + n^3\right) = \int_0^1 x^3\,dx = \frac{1}{4} \qquad //$$

---

189 次の極限値を求めよ．

(1) $\displaystyle\lim_{n \to \infty} \frac{1}{n^5}\sum_{k=1}^n k^4$

(2) $\displaystyle\lim_{n \to \infty} \frac{1}{n}\sum_{k=1}^n \frac{n^2}{n^2 + k^2}$

190 $\displaystyle\lim_{n \to \infty}\left(\frac{1}{\sqrt{n^2 + 1^2}} + \frac{1}{\sqrt{n^2 + 2^2}} + \cdots + \frac{1}{\sqrt{n^2 + n^2}}\right)$ の値を求めよ．

(神戸大)

(1) では，各小区間の右端の点 x_k を用いて定積分を表したが，左端の点 x_{k-1} を用いて表してもよい．

$$\int_0^1 f(x)\,dx = \lim_{n \to \infty} \sum_{k=1}^n f\left(\frac{k-1}{n}\right)\frac{1}{n}$$

$$= \lim_{n \to \infty} \frac{1}{n}\left\{f\left(\frac{0}{n}\right) + f\left(\frac{1}{n}\right) + \cdots + f\left(\frac{n-1}{n}\right)\right\} \tag{2}$$

例えば，(2) を用いて例題と同様にすると

$$\lim_{n \to \infty} \frac{1}{n^4}\left\{0^3 + 1^3 + 2^3 + \cdots + (n-1)^3\right\} = \int_0^1 x^3\,dx = \frac{1}{4}$$

例題 次の不等式を証明せよ.

$$\log(n+1) < 1 + \frac{1}{2} + \frac{1}{3} + \cdots + \frac{1}{n} < \log n + 1$$

解 $1 + \dfrac{1}{2} + \dfrac{1}{3} + \cdots + \dfrac{1}{n}$ は右図の
長方形の面積の総和になるから

$$1 + \frac{1}{2} + \frac{1}{3} + \cdots + \frac{1}{n}$$
$$> \int_1^{n+1} \frac{1}{x}\,dx$$
$$= \Big[\log x\Big]_1^{n+1}$$
$$= \log(n+1)$$

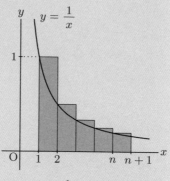

また, $\dfrac{1}{2} + \dfrac{1}{3} + \cdots + \dfrac{1}{n}$ は右図の
長方形の面積の総和になるから

$$\frac{1}{2} + \frac{1}{3} + \cdots + \frac{1}{n}$$
$$< \int_1^n \frac{1}{x}\,dx$$
$$= \Big[\log x\Big]_1^n$$
$$= \log n$$

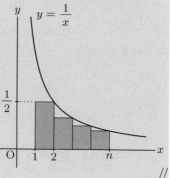

両辺に 1 を加えれば右の不等式が得られる.　　　　//

●**注**…… 例題の不等式のすべての辺を $\log n$ で割ると

$$\frac{\log(n+1)}{\log n} < \frac{1}{\log n}\Big(1 + \frac{1}{2} + \frac{1}{3} + \cdots + \frac{1}{n}\Big) < \frac{\log n + 1}{\log n}$$

ロピタルの定理を用いると

$$\lim_{n \to \infty} \frac{\log(n+1)}{\log n} = \lim_{n \to \infty} \frac{\dfrac{1}{n+1}}{\dfrac{1}{n}} = \lim_{n \to \infty} \frac{n}{n+1} = 1$$

$$\lim_{n \to \infty} \frac{\log n + 1}{\log n} = \lim_{n \to \infty} \Big(1 + \frac{1}{\log n}\Big) = 1$$

したがって, はさみうちの原理で次の等式が得られる.

$$\lim_{n \to \infty} \frac{1}{\log n}\Big(1 + \frac{1}{2} + \frac{1}{3} + \cdots + \frac{1}{n}\Big) = 1$$

191 $n \geqq 2$ のとき, 次の不等式を証明せよ.

(1) $\dfrac{1}{2^2} + \dfrac{1}{3^2} + \cdots + \dfrac{1}{n^2} < 1 - \dfrac{1}{n}$

(2) $2\big(\sqrt{n+1} - 1\big) < 1 + \dfrac{1}{\sqrt{2}} + \dfrac{1}{\sqrt{3}} + \cdots + \dfrac{1}{\sqrt{n}} < 2\sqrt{n} - 1$

2──部分分数分解

分数関数

$$\frac{P(x)}{Q(x)} \quad (P(x),\ Q(x)\ は多項式)$$

は部分分数に分解することにより積分を求めることができる．ただし，分子 $P(x)$ の次数が分母 $Q(x)$ の次数以上のときは，分子を分母で割って分子の次数を低くしておくことが必要である．

例 1　$\dfrac{x^3 + 3x^2 + 4x}{x^2 + x + 1} = x + 2 + \dfrac{x - 2}{x^2 + x + 1}$

以下，分母 $Q(x)$ が 3 次式の場合を例として考えてみることにする．

例 2　$\dfrac{P(x)}{Q(x)} = \dfrac{x^2 + 11x + 16}{(x+1)(x+2)(x+3)}$

　この場合は

$$\frac{P(x)}{Q(x)} = \frac{a}{x+1} + \frac{b}{x+2} + \frac{c}{x+3}$$

とおく．

　両辺に $Q(x)$ を掛けると

$$x^2 + 11x + 16 = a(x+2)(x+3) + b(x+1)(x+3) + c(x+1)(x+2)$$

$x = -1,\ x = -2,\ x = -3$ を代入すると，順に $2a = 6,\ -b = -2,\ 2c = -8$ が得られ，次の等式が成り立つ．

$$\frac{x^2 + 11x + 16}{(x+1)(x+2)(x+3)} = \frac{3}{x+1} + \frac{2}{x+2} - \frac{4}{x+3}$$

例 3　$\dfrac{P(x)}{Q(x)} = \dfrac{2x^2 - 3x - 9}{(x+1)(x^2 + 4x + 5)}$

　この場合は

$$\frac{P(x)}{Q(x)} = \frac{a}{x+1} + \frac{bx + c}{x^2 + 4x + 5}$$

とおく．

　両辺に $Q(x)$ を掛けると

$$2x^2 - 3x - 9 = a(x^2 + 4x + 5) + (bx + c)(x + 1)$$

各係数を比べて，a, b, c についての連立方程式が得られる．

　この例の $a,\ b,\ c$ の求め方については，次ページの例題で示すことにする．

例 4　$\dfrac{P(x)}{Q(x)} = \dfrac{x^2 + 2x + 3}{(x+1)(x+2)^2}$

　この場合は，まず

$$\frac{P(x)}{Q(x)} = \frac{a}{x+1} + \frac{bx + c}{(x+2)^2}$$

とおけば，上の例と同様にして，恒等式

$$x^2 + 2x + 3 = a(x+2)^2 + (bx + c)(x + 1)$$

から連立方程式が得られ，a, b, c を求めることができる．

しかし，さらに

$$bx + c = b(x + 2) + (c - 2b)$$

と変形すると

$$\frac{bx + c}{(x + 2)^2} = \frac{b(x + 2) + (c - 2b)}{(x + 2)^2} = \frac{b}{x + 2} + \frac{c - 2b}{(x + 2)^2}$$

したがって，はじめから

$$\frac{P(x)}{Q(x)} = \frac{a}{x + 1} + \frac{b}{x + 2} + \frac{c}{(x + 2)^2}$$

とおいて a, b, c を求めればよい．実際

$$\frac{x^2 + 2x + 3}{(x + 1)(x + 2)^2} = \frac{2}{x + 1} - \frac{1}{x + 2} - \frac{3}{(x + 2)^2}$$

例題 不定積分 $\displaystyle\int \frac{2x^2 - 3x - 9}{(x + 1)(x^2 + 4x + 5)}\,dx$ を求めよ．

解 $\dfrac{2x^2 - 3x - 9}{(x + 1)(x^2 + 4x + 5)} = \dfrac{a}{x + 1} + \dfrac{bx + c}{x^2 + 4x + 5}$

とおいて，両辺に $(x + 1)(x^2 + 4x + 5)$ を掛けると

$$2x^2 - 3x - 9 = a(x^2 + 4x + 5) + (bx + c)(x + 1)$$
$$= (a + b)x^2 + (4a + b + c)x + (5a + c)$$

連立方程式 $a + b = 2$, $4a + b + c = -3$, $5a + c = -9$ を解いて

$$a = -2,\ b = 4,\ c = 1$$

与式 $= -2\displaystyle\int \frac{1}{x + 1}\,dx + \int \frac{4x + 1}{x^2 + 4x + 5}\,dx$

ここで

第1項 $= -2\log|x + 1|$

第2項 $= \displaystyle\int \frac{4x + 1}{(x + 2)^2 + 1}\,dx$

$(x + 2 = t$ とおくと　$dx = dt$, $x = t - 2)$

$= \displaystyle\int \frac{4t - 7}{t^2 + 1}\,dt = 4\int \frac{t}{t^2 + 1}\,dt - 7\int \frac{dt}{t^2 + 1}$

$= 2\log(t^2 + 1) - 7\tan^{-1}t$

よって

与式 $= -2\log|x + 1| + 2\log(x^2 + 4x + 5) - 7\tan^{-1}(x + 2)$　//

192 次の不定積分を求めよ．

(1) $\displaystyle\int \frac{x^2 + x + 2}{(x + 1)^2(x + 2)}\,dx$　　　　(2) $\displaystyle\int \frac{dx}{x^3 + 1}$

3──三角関数の積分

被積分関数が三角関数の場合，$\tan\dfrac{x}{2}=t$ とおく置換積分法によって，分数関数の積分に直す方法がある．

例題 次の問いに答えよ．

(1) $\tan\dfrac{x}{2}=t$ とおくとき

$$\tan x = \frac{2t}{1-t^2},\ \cos x = \frac{1-t^2}{1+t^2},\ \sin x = \frac{2t}{1+t^2},\quad \frac{dt}{dx}=\frac{1+t^2}{2}$$

が成り立つことを証明せよ．

(2) $\displaystyle\int \frac{dx}{3\sin x + 4\cos x}$ を求めよ．

解 (1) 2 倍角の公式より　$\tan x = \dfrac{2\tan\dfrac{x}{2}}{1-\tan^2\dfrac{x}{2}} = \dfrac{2t}{1-t^2}$

同様に 2 倍角の公式より

$$\cos x = 2\cos^2\frac{x}{2} - 1 = 2\frac{1}{1+\tan^2\dfrac{x}{2}} - 1 = \frac{1-t^2}{1+t^2}$$

また

$$\sin x = \cos x \cdot \tan x = \frac{1-t^2}{1+t^2}\cdot\frac{2t}{1-t^2} = \frac{2t}{1+t^2}$$

合成関数の微分法より　$\dfrac{dt}{dx} = \dfrac{1}{2}\cdot\dfrac{1}{\cos^2\dfrac{x}{2}} = \dfrac{1+t^2}{2}$

(2) $\tan\dfrac{x}{2}=t$ とおくと

$$\int \frac{dx}{3\sin x + 4\cos x} = \int \frac{\dfrac{2}{1+t^2}dt}{3\dfrac{2t}{1+t^2} + 4\dfrac{1-t^2}{1+t^2}}$$

$$= -\int \frac{dt}{2t^2-3t-2} = -\int \frac{dt}{(2t+1)(t-2)}$$

$$= \frac{1}{5}\int \frac{2dt}{2t+1} - \frac{1}{5}\int \frac{dt}{t-2}$$

$$= \frac{1}{5}\left(\log|2t+1| - \log|t-2|\right)$$

$$= \frac{1}{5}\left(\log\left|2\tan\frac{x}{2}+1\right| - \log\left|\tan\frac{x}{2}-2\right|\right)\qquad /\!/$$

193 次の不定積分を求めよ．

(1) $\displaystyle\int \frac{dx}{2+\cos x}$

(2) $\displaystyle\int \frac{dx}{\cos x + \sin x + 1}$

(3) $\displaystyle\int \frac{dx}{3+2\cos x}$

(4) $\displaystyle\int \frac{\sin x}{1+\sin x}\,dx\ \left(-\frac{\pi}{2}<x<\frac{\pi}{2}\right)$

4 ── シュワルツの不等式

例題 シュワルツの不等式
$$\left\{\int_a^b f(x)g(x)\,dx\right\}^2 \leqq \int_a^b \{f(x)\}^2\,dx \int_a^b \{g(x)\}^2\,dx$$
が成り立つことを証明せよ.

解 任意の実数 t に対して, $\{tf(x)+g(x)\}^2 \geqq 0$ となる.

両辺を区間 $[a,b]$ で積分すると
$$t^2\int_a^b \{f(x)\}^2\,dx + 2t\int_a^b f(x)g(x)\,dx + \int_a^b \{g(x)\}^2\,dx \geqq 0 \qquad (1)$$
したがって
$$A = \int_a^b \{f(x)\}^2\,dx,\ B = \int_a^b f(x)g(x)\,dx,\ C = \int_a^b \{g(x)\}^2\,dx$$
とおくと, (1) より, 任意の実数 t について
$$At^2 + 2Bt + C \geqq 0 \qquad (2)$$
が成り立つことになる.

$A > 0$ のとき, 方程式 $At^2 + 2Bt + C = 0$ の判別式を D とおくと
$$D/4 = B^2 - AC \leqq 0 \qquad (3)$$
$A = 0$ のとき, (2) は
$$2Bt + C \geqq 0 \qquad (4)$$
(4) が任意の定数 t について成り立つためには
$$B = 0$$
したがって, この場合も (3) が成り立つ.

よって
$$\left\{\int_a^b f(x)g(x)\,dx\right\}^2 - \int_a^b \{f(x)\}^2\,dx \int_a^b \{g(x)\}^2\,dx \leqq 0 \qquad /\!/$$

194 区間 $[0,1]$ で連続で, $f(x) > 0$ を満たす関数について
$$\int_0^1 f(x)\,dx \int_0^1 \frac{dx}{f(x)} \geqq 1$$
であることを証明せよ.

195 $a > 0,\ b > 0$ であるとき, $\left(\log \dfrac{b}{a}\right)^2 \leqq \dfrac{(b-a)^2}{ab}$ を証明せよ.

$f(x) = 1,\ g(x) = \dfrac{1}{x}$ とおいてシュワルツの不等式を用いる.

5──いろいろな問題

196 次の不定積分を求めよ.

(1) $\displaystyle\int \sec^4 x \, dx$

(2) $\displaystyle\int \frac{x-1}{\sqrt{2x-x^2}} \, dx$

(3) $\displaystyle\int \frac{x^3+3}{x^2-2x+2} \, dx$

(4) $\displaystyle\int \frac{x^4}{x^2+2x+1} \, dx$

(5) $\displaystyle\int \frac{1-\cos x}{\sin x} \, dx$

(6) $\displaystyle\int x^3 e^{x^2} \, dx$

197 $I = \displaystyle\int \sqrt{\dfrac{1+x}{1-x}} \, dx$ について，次の問いに答えよ.

(1) $\sqrt{\dfrac{1+x}{1-x}} = t$ とおくとき，x を t の式で表せ. また，$\dfrac{dx}{dt}$ を求めよ.

(2) I を求めよ.

198 次の定積分の値を求めよ.

(1) $\displaystyle\int_0^1 \sqrt{(1-x^2)^5} \, dx$

(2) $\displaystyle\int_1^{\sqrt{2}} \frac{dx}{x^2\sqrt{4-x^2}}$

(1) $x = \sin\theta$ とおけ.
(2) $x = 2\sin\theta$ とおけ.

199 定積分 $\displaystyle\int_0^\pi |\sin x + \sin 2x + \sin 3x| \, dx$ の値を求めよ.

200 定積分 $\displaystyle\int_0^{\frac{\pi}{2}} |\sin x - k\cos x| \, dx$ の値を k の式で表せ. ただし，k は正の定数とする.

三角関数の合成を用いよ.

201 定積分 $\displaystyle\int_0^1 \frac{dx}{x+(\sqrt[3]{x})^2+\sqrt[3]{x}}$ を求めよ.　　　　（京都工芸繊維大）

$\sqrt[3]{x} = t$ とおけ.

202 以下の設問 (1) から (3) に答えよ.

(1) $A = \displaystyle\int_0^{\frac{\pi}{2}} \frac{\sin x}{\sin x + \cos x} \, dx$, $B = \displaystyle\int_0^{\frac{\pi}{2}} \frac{\cos x}{\sin x + \cos x} \, dx$ とすると，$A = B$ であることを示せ.

$\dfrac{\pi}{2} - x = t$ とおけ.

(2) (1) の結果を利用して A の値を求めよ.

(3) $\displaystyle\int_0^{\frac{\pi}{2}} \frac{\sin^3 x}{\sin x + \cos x} \, dx$ の値を計算せよ.　　　　（三重大）

4 章　積分の応用

1　面積・曲線の長さ・体積

まとめ

●平面図形の面積

2 曲線 $y = f(x)$, $y = g(x)$ と 2 直線 $x = a$, $x = b$ $(a < b)$ で
囲まれた図形の面積を S とすると

$$S = \int_a^b \big| f(x) - g(x) \big| \, dx$$

○ $f(x) \geqq g(x)$ のとき

$$S = \int_a^b \{ f(x) - g(x) \} \, dx$$

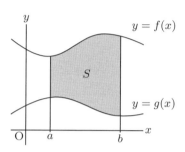

○ 途中で関数の大小が変わる場合，例えば

$$a < x < c \text{ において }\quad f(x) > g(x)$$
$$c < x < b \text{ において }\quad f(x) < g(x)$$

のとき

$$S = \int_a^c \{ f(x) - g(x) \} \, dx + \int_c^b \{ g(x) - f(x) \} \, dx$$

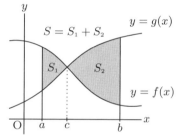

●曲線の長さ

曲線 $y = f(x)$ $(a \leqq x \leqq b)$ の長さ l は

$$l = \int_a^b \sqrt{1 + \{ f'(x) \}^2} \, dx = \int_a^b \sqrt{1 + (y')^2} \, dx$$

●立体の体積

○ x 軸上の点 x を通り，x 軸に垂直な平面の切り口の面積を $S(x)$ とするとき，
この立体の 2 平面 $x = a$, $x = b$ $(a < b)$ の間の部分の体積 V は

$$V = \int_a^b S(x) \, dx$$

○ 曲線 $y = f(x)$ と x 軸および 2 直線 $x = a$, $x = b$ $(a < b)$ で囲まれた図形を
x 軸のまわりに回転してできる回転体の体積 V は

$$V = \pi \int_a^b \{ f(x) \}^2 \, dx = \pi \int_a^b y^2 \, dx$$

Basic

203 次の図形の面積を求めよ.

→ 教 p.122 問·1

(1) 曲線 $y = x^2$ と直線 $y = 2x + 3$ で囲まれた図形

(2) 2 曲線 $y = x^2 + x$, $y = x^3 - x$ で囲まれた図形のうち, y 軸の右側の部分

(3) (2) の図形のうち, y 軸の左側の部分

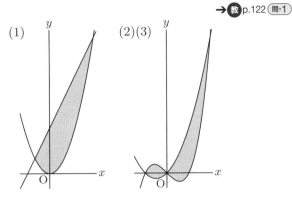

204 次の図形の面積を求めよ.

→ 教 p.123 問·2

(1) 曲線 $y = x(x-1)(x-2)$ と x 軸で囲まれた図形

(2) 2 曲線 $y = e^x$, $y = e^{-x}$ と 2 直線 $x = -1$, $x = 2$ で囲まれた図形

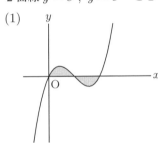

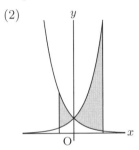

205 次の曲線の長さを求めよ.

→ 教 p.126 問·3

$$y = e^{\frac{x}{2}} + e^{-\frac{x}{2}} \quad (-1 \leqq x \leqq 1)$$

206 次の曲線の長さを求めよ.

→ 教 p.126 問·4

(1) $y = \dfrac{1}{3}(x+1)^{\frac{3}{2}}$ $(-1 \leqq x \leqq 4)$ (2) $y = \dfrac{1}{3}x^3 + \dfrac{1}{4x}$ $(1 \leqq x \leqq 2)$

207 x 軸上の点 x $(0 < x < 2)$ において x 軸に垂直な平面で切ったときの切り口が, たての長さ x, 横の長さ $\sqrt{x}$ の長方形となる立体の体積を求めよ.

→ 教 p.128 問·5

208 次の図形を x 軸のまわりに回転してできる回転体の体積を求めよ.

→ 教 p.129 問·6

(1) 曲線 $y = \dfrac{1}{\sqrt{x}}$, x 軸および 2 直線 $x = 1$, $x = 5$ で囲まれた図形

(2) 曲線 $y = \sqrt{x^2 - 1}$, x 軸および直線 $x = 4$ で囲まれた図形

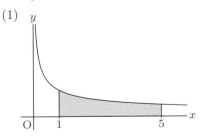

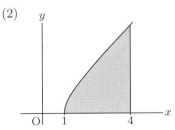

Check

209 次の曲線および直線で囲まれた図形の面積を求めよ.

(1) 2 曲線 $y = 2x^2 - x - 5$, $y = -x^2 + 2x + 1$

(2) 曲線 $y = \dfrac{1}{x}$ と直線 $y = \dfrac{1}{4}x$, $x = 1$, $x = 3$

210 次の曲線の長さを求めよ.

(1) $y = (x-1)^{\frac{3}{2}}$　　　　$(1 \leqq x \leqq 6)$

(2) $y = \log\left(x + \sqrt{x^2 - 1}\right)$　　$(2 \leqq x \leqq 7)$

211 半径 r の直円柱がある. この円柱を, 底面の直径 AB を通り底面と $\dfrac{\pi}{3}$ の角をなす平面で切るとき, 底面と平面の間の部分の体積 V を求めよ.

212 次の図形を x 軸のまわりに回転してできる回転体の体積を求めよ.

(1) 曲線 $y = \cos^3 x \left(0 \leqq x \leqq \dfrac{\pi}{2}\right)$ と x 軸, y 軸で囲まれた図形

(2) 曲線 $y = \sqrt{x^2 + 1}$, x 軸, y 軸および直線 $x = 1$ で囲まれた図形

(1)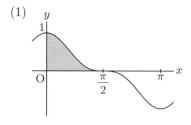 (2)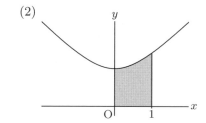

213 次の問いに答えよ.

(1) 曲線 $y = \sqrt{x}$ と x 軸および直線 $x = 1$ で囲まれた図形を x 軸のまわりに回転してできる回転体の体積を求めよ.

(2) 2 曲線 $y = \sqrt{x}$, $y = x$ で囲まれた図形を x 軸のまわりに回転してできる回転体の体積を求めよ.

(1)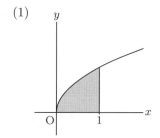 (2)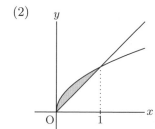

Step up

例題 曲線 $y = \log x$ と，この曲線の原点を通る接線，および x 軸で囲まれた図形の面積を求めよ．

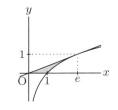

解　曲線と接線の接点の座標を $(t, \log t)$ とおくと，接線の方程式は

$$y - \log t = \frac{1}{t}(x - t)$$

これが原点を通るから，$x = 0$, $y = 0$ を代入して　$-\log t = -1$

したがって，$t = e$ より，接線の方程式は $y = \dfrac{x}{e}$ である．

よって，求める図形の面積を S とおくと

$$S = \int_0^e \frac{x}{e}\,dx - \int_1^e \log x\,dx$$

$$= \left[\frac{x^2}{2e}\right]_0^e - \left(\left[x\log x\right]_1^e - \int_1^e x \cdot \frac{1}{x}\,dx\right)$$

$$= \frac{e}{2} - e\log e + \left[x\right]_1^e = \frac{e}{2} - e + e - 1 = \frac{e}{2} - 1 \qquad //$$

214 曲線 $y = x^3 - 4x$，および曲線上の点 $\mathrm{A}(1, -3)$ における接線について，次の問いに答えよ．

(1) 接線の方程式を求めよ．

(2) 曲線と接線の点 A 以外の共有点 B を求めよ．

(3) 曲線と接線で囲まれた図形の面積を求めよ．

215 放物線 $y = x^2 + 1$ 上の任意の点 $(t, t^2 + 1)$ における接線と放物線 $y = x^2$ で囲まれた図形の面積は一定であることを証明せよ．

例題 2 点 $\mathrm{P}(x, x+1)$, $\mathrm{Q}(x, \cos x)$ を結ぶ線分 PQ を 1 辺とする正方形を xy 平面に垂直な平面上につくる．P が点 $(0, 1)$ から点 $(\pi, \pi+1)$ まで移動するとき，この正方形が描く立体の体積を求めよ．

解　PQ を 1 辺とする正方形の面積は $(x + 1 - \cos x)^2$ だから，求める立体の体積を V とおくと

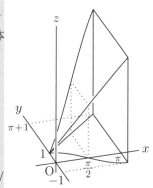

$$V = \int_0^\pi (x + 1 - \cos x)^2\,dx$$

$$= \int_0^\pi (x^2 + 1 + \cos^2 x + 2x - 2\cos x - 2x\cos x)\,dx$$

$$= \left[\frac{x^3}{3} + x + \frac{x}{2} + \frac{1}{4}\sin 2x + x^2 - 2\sin x - 2x\sin x - 2\cos x\right]_0^\pi$$

$$= \frac{\pi^3}{3} + \pi^2 + \frac{3}{2}\pi + 4 \qquad //$$

216 x 軸上の点 P を通り x 軸に垂直な直線が放物線 $y^2 = 4x$ と交わる点を Q, R と
する．QR を底辺とし頂角が $30°$ の二等辺三角形を xy 平面に垂直な平面上に
つくる．P が原点から $(1, 0)$ まで移動するとき，この三角形が描く立体の体積
を求めよ．

217 図の曲線 $\sqrt{x} + \sqrt{y} = 1$ について，次の問いに
答えよ．

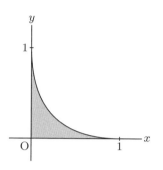

(1) この曲線と両座標軸で囲まれた図形 F の面
積を求めよ．

(2) 図形 F を x 軸のまわりに回転してできる回
転体の体積を求めよ．

例題 放物線 $y = ax^2 + bx + c\ (a > 0)$ およびこの放物線と 2 点で交わる直線で
囲まれた図形の面積は，それらの交点の x 座標を α, $\beta\ (\alpha < \beta)$ とするとき，
$\frac{1}{6}a(\beta - \alpha)^3$ であることを証明せよ．

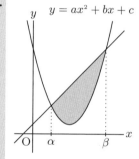

解　面積を S とし，直線の方程式を $y = px + q$ とすると

$$S = \int_{\alpha}^{\beta} \{px + q - (ax^2 + bx + c)\}dx$$

$px + q = ax^2 + bx + c$ の 2 つの解が α, β だから

$$px + q - (ax^2 + bx + c) = -a(x - \alpha)(x - \beta)$$

部分積分法を利用して

$$S = \int_{\alpha}^{\beta} \{-a(x - \alpha)(x - \beta)\}dx = -a\int_{\alpha}^{\beta} (x - \alpha)(x - \beta)dx$$

$$= -a\left\{\left[\frac{(x - \alpha)^2}{2}(x - \beta)\right]_{\alpha}^{\beta} - \int_{\alpha}^{\beta} \frac{(x - \alpha)^2}{2}dx\right\}$$

$$= a\left[\frac{(x - \alpha)^3}{6}\right]_{\alpha}^{\beta} = \frac{1}{6}a(\beta - \alpha)^3 \qquad //$$

---

218 次の図形の面積を求めよ．

(1) 放物線 $y = 2x^2 + 3x - 1$ と x 軸で囲まれた図形

(2) 2 次曲線 $y = (x + 3)(x - 1)$ と直線 $y = -\frac{1}{2}x + 2$ で囲まれた図形

(岐阜大)

219 放物線 $y = x^2$ と直線 $y = mx + 1$ で囲まれた図形の面積を m を用いて表せ．

220 3 次曲線 $y = ax^3 + bx^2 + cx + d \ (a > 0)$ とその接線で囲まれた図形の面積は，接点の x 座標を α，交点の x 座標を β とするとき，$\dfrac{1}{12}a(\beta - \alpha)^4$ となることを証明せよ．

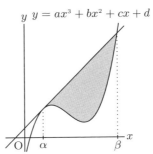

例題 放物線 $x = y^2$ と直線 $y = x - 2$ で囲まれた図形の面積を求めよ．

解　$y = x - 2$ の x に $x = y^2$ を代入して，交点の y 座標を求めると

$$y = -1,\ 2$$

$y = x - 2$ は $x = y + 2$ とかけるから

$$\int_{-1}^{2} (y + 2 - y^2)dy$$
$$= \left[\frac{y^2}{2} + 2y - \frac{y^3}{3}\right]_{-1}^{2} = \frac{9}{2} \qquad /\!/$$

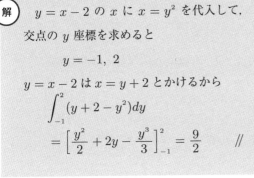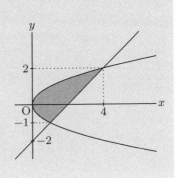

以下のような図形を y 軸のまわりに回転してできる回転体の体積 V は
$$V = \pi \int_a^b x^2 dy$$

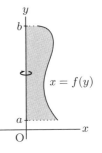

221 放物線 $x = y^2 - 1$ と y 軸で囲まれた図形の面積を求めよ．

222 放物線 $y = x^2$ と直線 $y = 2$ で囲まれた図形を y 軸のまわりに回転してできる回転体の体積を求めよ．

223 曲線 $y = x^4$ を y 軸のまわりに回転してできる回転面を内壁とする容器に毎秒 60.75π の割合で水を注ぎ入れる．8 秒後における水面の高さを求めよ．

2　いろいろな応用

まとめ

●媒介変数表示による図形

○ 曲線 $x = f(t)$, $y = g(t)$ と x 軸および 2 直線 $x = a$, $x = b$ で囲まれた図形の面積 S は

$$S = \int_\alpha^\beta |g(t) f'(t)| \, dt = \int_\alpha^\beta \left| y \frac{dx}{dt} \right| dt \quad (\alpha < \beta)$$

（$a = f(\alpha)$, $b = f(\beta)$, 区間 (α, β) で $f'(t)$ の符号は一定とする）

○ 曲線 $x = f(t)$, $y = g(t)$ $(\alpha \leqq t \leqq \beta)$ の長さ l は

$$l = \int_\alpha^\beta \sqrt{\{f'(t)\}^2 + \{g'(t)\}^2} \, dt = \int_\alpha^\beta \sqrt{\left(\frac{dx}{dt} \right)^2 + \left(\frac{dy}{dt} \right)^2} \, dt$$

○ 曲線 $x = f(t)$, $y = g(t)$ と x 軸および 2 直線 $x = a$, $x = b$ で囲まれた図形を x 軸のまわりに回転してできる回転体の体積 V は

$$V = \pi \int_\alpha^\beta \{g(t)\}^2 |f'(t)| \, dt = \pi \int_\alpha^\beta y^2 \left| \frac{dx}{dt} \right| dt$$

（$a = f(\alpha)$, $b = f(\beta)$, 区間 (α, β) で $f'(t)$ の符号は一定とする）

●極座標による図形

○ 極座標 (r, θ) と直交座標 (x, y) の関係

$$\begin{cases} x = r \cos \theta \\ y = r \sin \theta \end{cases} \qquad \begin{cases} r = \sqrt{x^2 + y^2} \\ \cos \theta = \dfrac{x}{\sqrt{x^2 + y^2}}, \ \sin \theta = \dfrac{y}{\sqrt{x^2 + y^2}} \end{cases}$$

○ 曲線 $r = f(\theta)$ $(\alpha \leqq \theta \leqq \beta)$ と 2 つの半直線 $\theta = \alpha$, $\theta = \beta$ で囲まれた図形の面積 S は

$$S = \frac{1}{2} \int_\alpha^\beta \{f(\theta)\}^2 \, d\theta = \frac{1}{2} \int_\alpha^\beta r^2 \, d\theta$$

○ 曲線 $r = f(\theta)$ $(\alpha \leqq \theta \leqq \beta)$ の長さ l は

$$l = \int_\alpha^\beta \sqrt{\{f(\theta)\}^2 + \{f'(\theta)\}^2} \, d\theta = \int_\alpha^\beta \sqrt{r^2 + (r')^2} \, d\theta$$

●広義積分の定義の例

○ $f(x)$ が $(a, b]$ で連続のとき　$\displaystyle \int_a^b f(x) \, dx = \lim_{\varepsilon \to +0} \int_{a+\varepsilon}^b f(x) \, dx$

○ $f(x)$ が $[a, \infty)$ で連続のとき　$\displaystyle \int_a^\infty f(x) \, dx = \lim_{b \to \infty} \int_a^b f(x) \, dx$

●変化率と積分

時刻 t における座標 $x(t)$, 速度 $v(t)$, 加速度 $\alpha(t)$ について

$$x(t) = x(a) + \int_a^t v(t) \, dt, \quad v(t) = v(a) + \int_a^t \alpha(t) \, dt$$

Basic

→教p.133 問·1

224 次の曲線と x 軸で囲まれた図形の面積を求めよ. ただし, a, b は正の定数とする.

(1) 曲線 $x = t^2$, $y = 3t - 3t^2$ $(0 \leqq t \leqq 1)$

(2) 楕円の上半分 $x = a \cos t$, $y = b \sin t$ $(0 \leqq t \leqq \pi)$

(1)

(2)

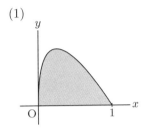
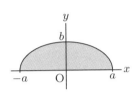

→教p.135 問·2

225 次の媒介変数表示による曲線の長さを求めよ.

(1) $x = 3t^2$, $y = 3t - t^3$ $(0 \leqq t \leqq 2)$

(2) $x = t \cos t$, $y = t \sin t$ $(0 \leqq t \leqq \pi)$

→教p.135 問·3

226 媒介変数表示 $x = a \cos t$, $y = b \sin t$ $(0 \leqq t \leqq \pi,\ a,\ b$ は正の定数$)$ で表される楕円の上半分を x 軸のまわりに回転してできる回転体の体積を求めよ.

→教p.135 問·4

227 次の図形を x 軸のまわりに回転してできる回転体の体積を求めよ.

(1) 曲線 $x = 2\sqrt{t}$, $y = \sqrt{t} - t$ $(0 \leqq t \leqq 1)$ と x 軸で囲まれた図形

(2) 曲線 $x = \sin t$, $y = \sin 2t$ $\left(0 \leqq t \leqq \dfrac{\pi}{2}\right)$ と x 軸で囲まれた図形

(1)

(2)

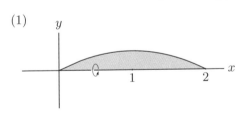
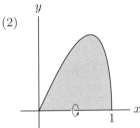

→教p.137 問·5

228 次の極座標をもつ点の直交座標を求めよ.

(1) $\left(4,\ \dfrac{5}{6}\pi\right)$　　　　(2) $\left(5,\ -\dfrac{\pi}{2}\right)$　　　　(3) $\left(2,\ \dfrac{5}{4}\pi\right)$

→教p.137 問·6

229 次の直交座標をもつ点の極座標を求めよ.

(1) $(-1,\ 1)$　　　　(2) $(-3,\ 0)$　　　　(3) $\left(\sqrt{3},\ -3\right)$

230 次の条件を満たす点全体はどのような図形になるか.

→教 p.137 問・7

(1) $r = 2$　　　　　　　　(2) $\theta = -\dfrac{\pi}{6}$ $(r \geqq 2)$

231 次の関数のグラフの概形をかけ.

→教 p.138 問・8

(1) $r = 2\pi - \theta$ $(0 \leqq \theta \leqq 2\pi)$　　　(2) $r = \cos^2\theta$ $\left(0 \leqq \theta \leqq \dfrac{\pi}{2}\right)$

232 次の図形の面積を求めよ.

→教 p.140 問・9

(1) 曲線 $r = \theta^3$ $(0 \leqq \theta \leqq \pi)$ と半直線 $\theta = \pi$ で囲まれた図形

(2) 曲線 $r = \cos\theta + 2$ $(0 \leqq \theta \leqq 2\pi)$ で囲まれた図形

233 次の曲線の長さを求めよ.

→教 p.141 問・10

(1) $r = e^{2\theta}$ $(0 \leqq \theta \leqq \pi)$　　　　(2) $r = \cos\theta$ $\left(0 \leqq \theta \leqq \dfrac{\pi}{2}\right)$

234 次の広義積分を求めよ.

→教 p.143 問・11 問・12

(1) $\displaystyle\int_1^3 \dfrac{dx}{\sqrt{3-x}}$　　　(2) $\displaystyle\int_2^4 \dfrac{dx}{\sqrt{16-x^2}}$　　　(3) $\displaystyle\int_0^1 \dfrac{dx}{\sqrt[5]{x}}$

235 次の広義積分を求めよ.

→教 p.144 問・13

(1) $\displaystyle\int_2^\infty x^{-4}\, dx$　　　(2) $\displaystyle\int_0^\infty \dfrac{dx}{e^{5x}}$　　　(3) $\displaystyle\int_{-\infty}^\infty \dfrac{dx}{x^2+3}$

236 数直線上を運動する点 P について, 時刻 t における加速度が

→教 p.145 問・14

$$\alpha(t) = -18\sin\left(3t + \dfrac{\pi}{4}\right)$$

であるという. $t = 0$ において, x 座標が 0, 速度が $\sqrt{2}$ とするとき, 次の問いに答えよ.

(1) 時刻 t における点 P の速度 v を求めよ.

(2) 時刻 t における点 P の位置 x を求めよ.

237 ある物質が単位時間内に減少する質量は, そのときの物質の質量 $x(t)$ に比例するという. 比例定数を k とし, $t = 0$ のときの質量を $x(0) = x_0$ とするとき, $x(t)$ を表す式を求めよ. ただし, $k > 0$ とする.

→教 p.146 問・15

Check

238 次の曲線および直線で囲まれた図形の面積を求めよ.

(1) 曲線 $x = t^3$, $y = (t-2)^2$ $(0 \leqq t \leqq 2)$ と x 軸, y 軸

(2) 曲線 $x = e^{2t}$, $y = e^{3t} + 1$ $(0 \leqq t \leqq 1)$ と x 軸と 2 直線 $x = 1$, $x = e^2$

239 次の媒介変数表示による曲線の長さを求めよ.

(1) $x = t^3$, $y = 3t^2$ $(0 \leqq t \leqq 1)$

(2) $x = e^{-t} \cos t$, $y = e^{-t} \sin t$ $(0 \leqq t \leqq 2\pi)$

240 次の図形を x 軸のまわりに回転してできる回転体の体積を求めよ.

(1) 曲線 $x = t^3$, $y = t^2 - 1$ $(-1 \leqq t \leqq 1)$ と x 軸で囲まれた図形

(2) 曲線 $x = t^2$, $y = e^t$ $(0 \leqq t \leqq 1)$ と x 軸, y 軸と直線 $x = 1$ で囲まれた図形

241 次の極座標をもつ点の直交座標を求めよ.

(1) $\left(1, \dfrac{\pi}{4} \right)$　　　　(2) $\left(2, \dfrac{4}{3}\pi \right)$　　　　(3) $\left(3, \dfrac{\pi}{2} \right)$

242 次の直交座標をもつ点の極座標を求めよ.

(1) $(1, \sqrt{3})$　　　　(2) $(5, 0)$　　　　(3) $(\sqrt{2}, -\sqrt{2})$

243 次の関数のグラフの概形をかけ.

(1) $r = \theta + 1$ $(0 \leqq \theta \leqq 2\pi)$　　　　(2) $r = \sin\theta$ $(0 \leqq \theta \leqq \pi)$

244 次の図形の面積を求めよ.

(1) 曲線 $r = \theta + 1$ $\left(0 \leqq \theta \leqq \dfrac{\pi}{2} \right)$ と x 軸, y 軸で囲まれた図形

(2) 曲線 $r = |\cos 2\theta|$ $(0 \leqq \theta \leqq 2\pi)$ で囲まれた図形

245 次の極座標による曲線の長さを求めよ.

(1) $r = \sin\theta - \sqrt{3}\cos\theta$ $\left(\dfrac{\pi}{3} \leqq \theta \leqq \dfrac{2}{3}\pi \right)$

(2) $r = \sin^4 \dfrac{\theta}{4}$ 　　　　　　$(0 \leqq \theta \leqq 4\pi)$

246 次の広義積分を求めよ.

(1) $\displaystyle\int_0^8 \dfrac{dx}{\sqrt[3]{x}}$　　　　　　(2) $\displaystyle\int_1^\infty \dfrac{dx}{x^6}$

247 数直線上を運動する点 P の時刻 t における速度 v が次の式で与えられているとき, ( ) 内の時間に点 P が実際に動いた距離の総和を求めよ.

(1) $v = e^{-t}$ $(0 \leqq t \leqq 2)$　　　　(2) $v = 2\sin\pi t$ $(1 \leqq t \leqq 2)$

Step up

例題 曲線 $x = t^3$, $y = t^2$ $(-2 \leqq t \leqq 3)$ と x 軸および直線 $x = 8$ で囲まれた図形の面積を求めよ.

解　$x = 8$ のとき　$t = 2$

また, $y = 0$ となるのは $t = 0$ のときである.

したがって, 図形は下のようになる.

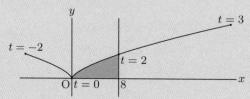

求める面積は

$$\int_0^8 y\, dx = \int_0^2 y\, \frac{dx}{dt} dt = \int_0^2 t^2 \cdot 3t^2 dt = \left[\frac{3}{5} t^5 \right]_0^2 = \frac{96}{5} \qquad //$$

248 曲線 $x = t + \dfrac{1}{t}$, $y = t - \dfrac{1}{t}$ $(1 \leqq t \leqq 3)$ と x 軸および直線 $x = \dfrac{5}{2}$ で囲まれた図形の面積を求めよ.

例題 数直線上を運動する点 P の時刻 t における加速度が $\alpha = 2 - 2t$ であるとき, $t = 0$ から $t = 3$ までに点 P が実際に動いた距離の総和を求めよ. ただし, $t = 0$ のときの x 座標は 0, 速度は 0 とする.

解　$v(t) = \displaystyle\int_0^t (2 - 2t)\, dt = 2t - t^2 = t(2 - t)$ となるから

$\quad 0 < t < 2$ で　$v(t) > 0$

$\quad 2 < t < 3$ で　$v(t) < 0$

よって, 点 P が実際に動いた距離の総和は

$$\int_0^2 (2t - t^2)\, dt - \int_2^3 (2t - t^2)\, dt = \left[t^2 - \frac{t^3}{3} \right]_0^2 - \left[t^2 - \frac{t^3}{3} \right]_2^3 = \frac{8}{3} \quad //$$

249 数直線上を運動する点 P の時刻 t における加速度 α が次の式で与えられているとき, (　) 内の時間に点 P が実際に動いた距離の総和を求めよ. ただし, $t = 0$ のときの x 座標は 0, 速度は 0 とする.

(1) $\alpha = 1 - \sqrt{t}$ $(0 \leqq t \leqq 9)$　　　　(2) $\alpha = \cos \dfrac{\pi}{2} t$ $(0 \leqq t \leqq 3)$

例題 100℃ に温められた物体を室温 20℃ の部屋に放置したとき，物体の温度が下降する割合（変化率）は室温との差に比例するという．20 分後に 60℃ まで下がったとすると，40℃ まで下がるのにあと何分かかるか．

解　t 分後の物体の温度を $x = x(t)$，比例定数を $-\lambda (\lambda > 0)$ とすると

$$\frac{dx}{dt} = -\lambda(x - 20) \quad (\lambda > 0)$$

両辺を $x - 20$ で割って，t について積分すると

$$\int \frac{1}{x - 20} \frac{dx}{dt} \, dt = -\int \lambda \, dt$$

よって，$\log(x - 20) = -\lambda t + C$（$C$ は任意定数）となるから

$$x - 20 = e^{-\lambda t + C} = e^C e^{-\lambda t}$$

$x(0) = 100$，$x(20) = 60$ だから，$e^C = 80$，$80 e^{-20\lambda} = 40$ より

$$x = 80 e^{-\lambda t} + 20, \quad \lambda = \frac{\log 2}{20}$$

ここで，$40 = 80 e^{-\lambda t} + 20$ とすると，$-\lambda t = \log \frac{1}{4} = -2\log 2$ より

$$t = \frac{2\log 2}{\lambda} = 2\log 2 \cdot \frac{20}{\log 2} = 40$$

したがって，40℃ まで下がるのにあと 20 分かかる．　//

250 ある種の細菌を培養すると，その増加率は現在の数に比例するという．3 時間後では 1 万個，5 時間後には 4 万個だったとすると，最初何個の細菌がいたことになるか．

251 底に小さな穴のあいた円柱形の容器がある．時刻 t における水の深さを x とすると，単位時間に水が底の穴から流れ出る量は $k\sqrt{x}$ となる（k は正の定数）．円柱の底面の半径を r，時刻 0 での水の深さを h とするとき，x を t の関数として表せ．

例題 関数 $y = x^4$ の y 軸を回転軸としてできる回転面を内壁とする容器に毎秒 V cm³ の割合で水を注いだとき，水の上昇速度を x 軸からの水面の高さ h (cm) の関数として求めよ．

解　x 軸からの水面の高さが h cm のときの水量は

$$\pi \int_0^h x^2 \, dy = \pi \int_0^h y^{\frac{1}{2}} \, dy = \pi \left[\frac{2}{3} y^{\frac{3}{2}} \right]_0^h = \frac{2}{3} \pi h^{\frac{3}{2}}$$

t 秒後の水量は Vt だから $Vt = \frac{2}{3} \pi h^{\frac{3}{2}}$ で，両辺を t について微分すると

$$V = \pi h^{\frac{1}{2}} \frac{dh}{dt}$$

よって，$\dfrac{dh}{dt} = \dfrac{V}{\pi \sqrt{h}}$ (cm/秒) である．　//

252 y 軸は鉛直方向，座標軸の単位は cm であるとして，次の問いに答えよ．ただ
し，水位とは x 軸からの水面の高さのこととする．

(1) 関数 $y = x^2$ の y 軸を回転軸としてできる回転面を内壁とする容器 A に水
を注ぐ．水位が h cm のときの水量を求めよ．

(2) 関数 $y = |x^2 - 1|$ の y 軸を回転軸としてできる回転面を内壁とする容器 B
は，上げ底の器のようになる．この器に水を注いで水位が h cm になった
ときの水量を求めよ．

(3) B の容器に毎秒 V cm³ の割合で水を注いだとき，水面の上昇速度を水位 h
の関数として求めよ． （富山大）

$h \leqq 1$ と $h > 1$ に分けて
考えよ．

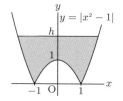

例題 次の問いに答えよ．

(1) 極限 $\displaystyle\lim_{x \to \infty} x \log\left(1 + \frac{3}{x}\right)$ および $\displaystyle\lim_{x \to \infty} x \log\left(1 + \frac{3}{x^2}\right)$ を求めよ．

(2) 積分 $\displaystyle\int_1^\infty \log\left(1 + \frac{3}{x^2}\right) dx$ の値を求めよ． （京都工芸繊維大）

解 (1) ロピタルの定理を利用する．

(1) 次の公式を利用しても
よい．
$$\lim_{x \to \infty}\left(1 + \frac{1}{x}\right)^x = e$$

$$\lim_{x \to \infty} x \log\left(1 + \frac{3}{x}\right) = \lim_{x \to \infty} \frac{\log\left(1 + \frac{3}{x}\right)}{\frac{1}{x}} = \lim_{x \to \infty} \frac{\frac{1}{1 + \frac{3}{x}} \cdot \left(-\frac{3}{x^2}\right)}{-\frac{1}{x^2}}$$

$$= \lim_{x \to \infty} \frac{3}{1 + \frac{3}{x}} = 3$$

$$\lim_{x \to \infty} x \log\left(1 + \frac{3}{x^2}\right) = \lim_{x \to \infty} \frac{\log\left(1 + \frac{3}{x^2}\right)}{\frac{1}{x}} = \lim_{x \to \infty} \frac{\frac{1}{1 + \frac{3}{x^2}} \cdot \left(-\frac{6}{x^3}\right)}{-\frac{1}{x^2}}$$

$$= \lim_{x \to \infty} \frac{6}{x + \frac{3}{x}} = 0$$

(2) 部分積分を利用する．

$$\int_1^\infty \log\left(1 + \frac{3}{x^2}\right) dx = \left[x \log\left(1 + \frac{3}{x^2}\right)\right]_1^\infty - \int_1^\infty x \cdot \frac{1}{1 + \frac{3}{x^2}} \cdot \left(-\frac{6}{x^3}\right) dx$$

$$= -\log 4 + \int_1^\infty \frac{6}{x^2 + 3} dx$$

$$= -\log 4 + \left[2\sqrt{3}\tan^{-1}\frac{x}{\sqrt{3}}\right]_1^\infty$$

$$= -\log 4 + \frac{2\sqrt{3}}{3}\pi \qquad \text{//}$$

253 次の広義積分を求めよ．

(1) $\displaystyle\int_1^\infty \frac{1}{x^2} \log(x + 3)\, dx$

(2) $\displaystyle\int_e^\infty \frac{1}{r\left(\log r\right)^2}\, dr$ （広島大）

Plus

1——直交座標と極座標

直交座標と極座標の関係 $\begin{cases} x = r\cos\theta \\ y = r\sin\theta \end{cases}$ を利用して，直交座標による方程式を極

座標による方程式に直したり，極座標による方程式を直交座標による方程式に直し

たりすることができる.

例題 次の直交座標による方程式を極座標による方程式に直せ.
$$(x-1)^2 + y^2 = 1$$

解 $x = r\cos\theta,\ y = r\sin\theta$ を代入すると

$(r\cos\theta - 1)^2 + (r\sin\theta)^2 = 1$

$r^2\cos^2\theta - 2r\cos\theta + 1 + r^2\sin^2\theta = 1$

$r(r - 2\cos\theta) = 0$

これから　$r = 0$ または $r = 2\cos\theta$

$r = 2\cos\theta$ に $\theta = \dfrac{\pi}{2}$ を代入すると

$r = 0$

が得られるから，求める方程式は

$r = 2\cos\theta$　　　　　　　　//

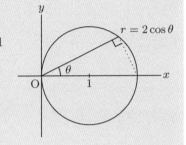

254 次の直交座標による方程式を極座標による方程式に直せ.

(1) $x^2 + y^2 = 9$ 　　　　　　　(2) $x^2 + y^2 - 2x - 2y = 0$

(3) $x + y = 2$ 　　　　　　　　(4) $y^2 - 4x - 4 = 0$

例題 次の極座標による方程式を直交座標による方程式に直せ.
$$r = \frac{4}{1 - \cos\theta}$$

解 両辺に $1 - \cos\theta$ を掛けると　　$r - r\cos\theta = 4$

$r\cos\theta = x,\ r = \sqrt{x^2 + y^2}$ を代入すると

$\sqrt{x^2 + y^2} = x + 4$

両辺を 2 乗して　$x^2 + y^2 = (x + 4)^2$

したがって，求める方程式は　$y^2 = 8x + 16$　　　　　　//

●注‥‥一般に

$$r = \frac{b}{1 - a\cos\theta}\quad (a,\ b\ \text{は定数})$$

で表される曲線は 2 次曲線になる.

255 次の極座標による方程式を直交座標による方程式に直せ.

(1) $r = \dfrac{2}{1 - 2\cos\theta}$ (2) $r = \dfrac{1}{2 - \cos\theta}$

(3) $r = \dfrac{1}{\cos\theta}$

256 次の極座標による方程式で表される図形の概形をかけ.

(1) $r = 2\sin\theta$ (2) $r = 4\cos\theta$ (3) $r^2 \sin 2\theta + 2 = 0$

2──回転面の面積

区間 $[a,\ b]$ で $f(x) \geqq 0$ のとき,曲線
$$y = f(x) \quad (a \leqq x \leqq b)$$
を x 軸のまわりに回転してできる回転面の面積 S は
次のように求められる.

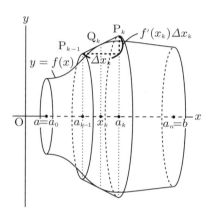

区間 $[a,\ b]$ を n 個の小区間に分けて,その分点を
左から順に
$$a = a_0,\ a_1,\ \cdots,\ a_n = b$$
とし,各小区間 $[a_{k-1},\ a_k]$ の中点を x_k,および
$$\Delta x_k = a_k - a_{k-1} \quad (k = 1,\ 2,\ \cdots,\ n)$$
とする.

曲線 $y = f(x)$ 上の $x = x_k$ に対応する点 Q_k におけるこの曲線の接線が,直線
$x = a_{k-1}$,$x = a_k$ と交わる点をそれぞれ P_{k-1},P_k とする.

直線 $P_{k-1}P_k$ の傾きは $f'(x_k)$ だから
$$P_{k-1}P_k = \sqrt{(\Delta x_k)^2 + \{f'(x_k)\Delta x_k\}^2}$$
$$= \sqrt{1 + \{f'(x_k)\}^2}\,\Delta x_k$$

ところで,両底面の半径がそれぞれ r_1,r_2 で,母線の長さが l である直円錐台の
側面積は
$$\pi l(r_1 + r_2) = 2\pi l\left(\frac{r_1 + r_2}{2}\right)$$

したがって,線分 $P_{k-1}P_k$ を x 軸のまわりに回転
してできる直円錐台の側面積は
$$2\pi f(x_k)\sqrt{1 + \{f'(x_k)\}^2}\,\Delta x_k$$

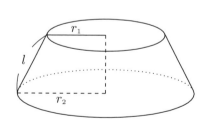

すべての k について,Δx_k を十分小さくとれば,上
の式の総和
$$\sum_{k=1}^{n} 2\pi f(x_k)\sqrt{1 + \{f'(x_k)\}^2}\,\Delta x_k$$
は,求める回転面の面積 S の近似値である.

ここで $\Delta x_k \to 0$ としたときの極限値が求める回転面の面積と考えられるから，定積分の定義式より

$$S = \lim_{\Delta x_k \to 0} \sum_{k=1}^{n} 2\pi f(x_k)\sqrt{1 + \{f'(x_k)\}^2}\,\Delta x_k$$

$$= 2\pi \int_a^b f(x)\sqrt{1 + \{f'(x)\}^2}\,dx$$

$$= 2\pi \int_a^b y\sqrt{1 + (y')^2}\,dx$$

したがって，回転面の面積 S は

$$S = 2\pi \int_a^b y\sqrt{1 + (y')^2}\,dx$$

で求められる.

例題 曲線 $y = 2\sqrt{x}\ (1 \leqq x \leqq 2)$ を x 軸のまわりに回転してできる回転面の面積 S を求めよ.

解 $y' = \dfrac{1}{\sqrt{x}}$ だから

$$S = 2\pi \int_1^2 2\sqrt{x}\sqrt{1 + \left(\frac{1}{\sqrt{x}}\right)^2}\,dx$$

$$= 4\pi \int_1^2 \sqrt{x+1}\,dx = 4\pi \left[\frac{2}{3}(x+1)^{\frac{3}{2}}\right]_1^2$$

$$= \frac{8}{3}(3\sqrt{3} - 2\sqrt{2})\pi \qquad //$$

---

257 次の曲線を x 軸のまわりに回転してできる回転面の面積を求めよ. ただし, h, r は正の定数とする.

(1) $y = x^3\ (0 \leqq x \leqq 1)$

(2) $y = r - \dfrac{r}{h}x\ (0 \leqq x \leqq h)$

(3) $y = \dfrac{e^x + e^{-x}}{2}\ (-1 \leqq x \leqq 1)$

258 半径 r の球の表面積 S は, $S = 4\pi r^2$ で求められることを証明せよ.

259 高さ h, 底面の半径 r, 母線の長さ l の円錐の体積 V および表面積 S を, 定積分を用いて求めよ. 　　　　　　　　　　　　　　　　　　　　（鹿児島大）

3──台形公式

$f(x)$ の不定積分が求められないか，あるいは求めることが困難である場合に，$f(x)$ の定積分の近似値を求める方法がある.

区間 $[a,\ b]$ を n 等分して，その分点を

$$a = x_0,\ x_1,\ \cdots,\ x_{n-1},\ x_n = b$$

とする. $h = \dfrac{b-a}{n}$ とおくと　$x_k = a + kh\ (k = 0,\ 1,\ \cdots,\ n)$

曲線 $y = f(x)$ 上の点 $(x_k,\ f(x_k))$ を $\mathrm{P}_k\ (k = 0,\ 1,\ \cdots,\ n)$ とし，図のように，n 個の台形を考える. 左から k 番目の台形の面積は

$$\frac{1}{2}(y_{k-1} + y_k)h\ \ (ただし\ y_k = f(x_k))$$

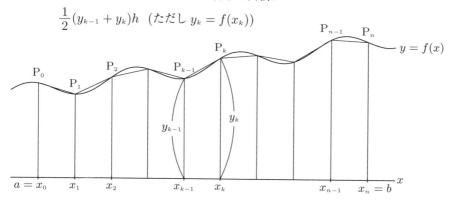

n 個の台形の面積の和をとることによって，次の**台形公式**が得られる.

$$\int_a^b f(x)dx \fallingdotseq \frac{h}{2}\{y_0 + y_n + 2(y_1 + y_2 + \cdots\cdots + y_{n-1})\}$$

$$ただし\quad h = \frac{b-a}{n},\ y_k = f(a + kh)\ (k = 0,\ 1,\ \cdots,\ n)$$

例題 区間 $[1,\ 2]$ を 10 等分して $\displaystyle\int_1^2 \frac{1}{x}dx$ の近似値を台形公式を用いて求めよ.

解 $x = 1.0,\ 1.1,\ \cdots,\ 2.0$ に対する $\dfrac{1}{x}$ の値 $y_0,\ y_1,\ \cdots,\ y_{10}$ を四捨五入して小数第 4 位まで求めると

$y_0 = 1.0000\ \ y_1 = 0.9091\ \ y_2 = 0.8333\ \ y_3 = 0.7692\ \ y_4 = 0.7143$

$y_5 = 0.6667\ \ y_6 = 0.6250\ \ y_7 = 0.5882\ \ y_8 = 0.5556\ \ y_9 = 0.5263$

$y_{10} = 0.5000$

よって，求める近似値は　$\dfrac{0.1}{2}\{1 + 0.5 + 2 \times 6.1877\} = 0.694$ //

●注…この例題の定積分の真の値は　$\displaystyle\int_1^2 \frac{1}{x}dx = \log 2 = 0.69314718\cdots$

260 区間 $[0,\ 1]$ を 4 等分し，$\displaystyle\int_0^1 \frac{dx}{1+x^2}$ の近似値を台形公式を使って小数第 3 位まで求めよ.

4——いろいろな問題

261 曲線 $f(x) = \dfrac{e^x + e^{-x}}{2}$ に関して，次の問いに答えよ．

(1) 区間 $[\alpha,\ \alpha+1]$ の曲線の長さ $h(\alpha)$ を求めよ．

(2) $h(\alpha)$ の最小値を求めよ．　　　　　　　　　　　　　（九州大）

262 $a,\ b$ は実数で，$0 < a < 1$ を満たすとする．xy 平面上の曲線 $C : y = \log x$ および直線 $l : y = ax + b$ がただ 1 つの共有点をもつとき，次の問いに答えよ．

(1) b を a を用いて表せ．

(2) $b > 0$ となるような a の範囲を求めよ．

(3) a が (2) で求めた範囲にあるとき，曲線 C および 3 直線 l, $x = 0$, $y = 0$ で囲まれた部分の面積を求め，a のみを用いて表せ．　　　（愛媛大）

263 曲線 $y = e^x$，直線 $y = 3$ および y 軸で囲まれた部分 S の面積を A とする．

(1) S の概形を描き，その面積 A を求めよ．

(2) $0 < t < \log 3$ とする．S のうちで $t \leqq x \leqq 2t$ の範囲にある部分の面積 $A(t)$ を求めよ．　　<small>$2t > \log 3$ の場合に注意</small>

(3) t が前問の範囲を動くとき，$A(t)$ の最大値を求めよ．　　（長岡技科大）

264 曲線 $x = \sin^2 t$, $y = \sin t(1 + \cos t)$ $(0 \leqq t \leqq \pi)$ について，次の問いに答えよ．

(1) 曲線の概形をかけ．

(2) 曲線で囲まれた図形の面積 S を求めよ．

265 パラメータ t を用いて表される曲線

$$C : \begin{cases} x = t^2 - 1 \\ y = t^3 - t \end{cases} \quad (-\infty < t < \infty)$$

について，以下の問いに答えよ．

(1) 曲線 C とその x 軸に平行な接線との接点の座標を求めよ．また，y 軸に平行な接線との接点の座標を求めよ．

(2) 曲線 C が自分自身と交差する点の座標を求めよ．さらに，その交点において 2 本ある曲線 C の接線の傾きを求めよ．

(3) (1), (2) の結果を用い，さらに $t \to \pm\infty$ のときのようすに注意して，曲線 C の概形を描け．

(4) 曲線 C によって囲まれる領域の面積を求めよ．　　　　　（京都大）

解答

1章 微分法

1 関数の極限と導関数

Basic

1 (1) 8　　(2) 1　　(3) 1　　(4) 0

2 (1) 2　　(2) −1　　(3) −3　　(4) 1

3 (1) 1　　(2) 1　　(3) −1　　(4) 4

4 (1) 2　　(2) 2　　(3) 0　　(4) $\sqrt{2}$

5 (1) 0　　(2) 0　　(3) $\dfrac{3}{2}$　　(4) $-\dfrac{1}{2}$

6 (1) 10　　(2) $2(a+b)$　　(3) 2

7 (1) 4　　　　(2) −2

8 $f'(a) = 6a$,　接線の傾き 6

9 (1) $y' = 3x^2$, $y'(1) = 3$

(2) $y' = 2x + 2$, $y'(1) = 4$

10 (1) $15x^2$　　　　(2) $2x$

(3) $3x^3 - 2x$　　(4) $2x^3 - x$

11 (1) $4x + 3$　　　　(2) $6x^2 + 10x - 5$

(3) $5t^4 + 6t^2 + 2t$　　(4) $-\dfrac{6}{(x-2)^2}$

(5) $-\dfrac{1}{(t+2)^2}$　　(6) $3x^2 - \dfrac{2}{(x-1)^2}$

(7) $\dfrac{5}{(x+1)^2}$　　(8) $\dfrac{x^2 - 2x}{(x-1)^2}$

12 (1) $3x^2 + 4x - 5$　　(2) $6t^5 + 8t^3 - 10t$

13 (1) $-\dfrac{4}{x^5}$　　　　(2) $-\dfrac{10}{t^6}$

(3) $-6x^{-4} - 12x^{-5}$　　(4) $6t^2 - \dfrac{2}{t^3}$

(5) $\dfrac{1}{2}(1 - x^{-2})$　　(6) $x^2 - \dfrac{3}{x^4}$

14 (1) $\dfrac{4}{3}x^{\frac{1}{3}} = \dfrac{4}{3}\sqrt[3]{x}$　　(2) $\dfrac{3}{4}x^{-\frac{1}{4}} = \dfrac{3}{4\sqrt[4]{x}}$

(3) $\dfrac{5}{3}x^{\frac{2}{3}} = \dfrac{5}{3}\sqrt[3]{x^2}$　　(4) $\dfrac{5}{2}x^{\frac{3}{2}} = \dfrac{5}{2}x\sqrt{x}$

15 (1) $\dfrac{3x-1}{2\sqrt{x}}$　　(2) $\dfrac{-x+2}{2(x+2)^2\sqrt{x}}$

16 (1) $-9(-3x+2)^2$　　(2) $5(3x+2)^{\frac{2}{3}}$

(3) $4\sqrt[3]{3x+2}$　　(4) $\dfrac{15}{(-3x+2)^6}$

17 (1) $\dfrac{3}{2}$　　(2) $\dfrac{1}{3}$　　(3) $\dfrac{9}{2}$

18 (1) $\cos x + \sin x$

(2) $\cos x \tan x + \dfrac{\sin x}{\cos^2 x} = \sin x + \dfrac{\sin x}{\cos^2 x}$

19 (1) $2\cos(2x+3)$　　(2) $3\sin(2-3x)$

(3) $\dfrac{2}{\cos^2 2x}$

20 (1) $3e^{3x}$　　　　(2) $(x+1)e^x$

(3) $e^x(\cos x - \sin x)$

(4) $e^x\left(\tan x + \dfrac{1}{\cos^2 x}\right)$

(5) $e^{2x}(2\sin 3x + 3\cos 3x)$

(6) $e^{2x}\left(2\tan 3x + \dfrac{3}{\cos^2 3x}\right)$

(7) $\dfrac{(x-2)e^x}{x^3}$　　(8) $\dfrac{1-x}{e^x}$

(9) $-\dfrac{1}{3\sqrt[3]{e^x}}$　　(10) $\dfrac{2-x}{2\sqrt{e^x}}$

21 (1) 2　　(2) −3　　(3) $-\dfrac{1}{2}$

22 (1) $x(2\log x + 1)$　　(2) $\dfrac{4}{4x+3}$

(3) $\dfrac{1}{x}$

23 (1) $3^x \log 3$　　(2) $-2^{-x} \log 2$

24 (1) $\dfrac{1}{x\log 3}$　　(2) $\dfrac{3}{(3x-1)\log 2}$

25 (1) $\dfrac{4}{4x+1}$　　(2) $\dfrac{-1}{1-x} = \dfrac{1}{x-1}$

26 (1) e^3　　(2) $\dfrac{1}{e^2}$

Check

27 (1) $\dfrac{\sqrt{3}}{2}$　　(2) −2　　(3) −1　　(4) −3

(5) 3　　(6) $\dfrac{1}{2}$　　(7) $\sqrt{2}$　　(8) 1

⇨1,2,3,4,5

28 (1) 5

(2) $\displaystyle\lim_{z \to a} \frac{2z^2 - 3z - (2a^2 - 3a)}{z - a}$

$\displaystyle = \lim_{z \to a} \frac{2(z-a)(z+a) - 3(z-a)}{z - a}$

$\displaystyle = \lim_{z \to a}\{2(z+a) - 3\} = 4a - 3$

(3) 1

⇨6,7,8,9

29 (1) $4x^3 - 9x^2 + 4x - 4$ (2) $t - 1$

(3) $6x^2 - 2x + 6$ (4) $-\dfrac{6}{t^4} + \dfrac{3}{(t+1)^2}$

(5) $\dfrac{3x^2 + 2x + 2}{2x\sqrt{x}}$ (6) $-\dfrac{3}{2t^2\sqrt{t}}$

(7) $12(3x - 2)^3$ (8) $\dfrac{1}{\sqrt[3]{(3t-4)^2}}$

⇨10,11,12,13,14,15,16

30 (1) $\dfrac{4}{3}$ (2) 4 ⇨17

31 (1) $-\dfrac{1}{\sin^2 x}$ (2) $-3\sin(3x + 2)$

(3) $2e^{2x+3}$ (4) $(1 + 2x)e^{2x}$

(5) $\dfrac{2}{3}\sqrt[3]{e^{2x}}$

(6) $x(2\sin 3x + 3x\cos 3x)$

(7) $\dfrac{1 - 2\log x}{x^3}$ (8) $3 \cdot 2^{3x+1}\log 2$

(9) $\dfrac{2}{(2x - 3)\log 5}$ (10) $-\dfrac{7}{4 - 7x}$

⇨18,19,20,22,23,24,25

32 (1) $\dfrac{1}{e^3}$ (2) $e\sqrt{e}$ ⇨26

Step up

33 (1) 分母と分子に $\dfrac{1}{3^x}$ を掛ける. -1

(2) 分母と分子に $\dfrac{1}{2^x}$ を掛けると

$\displaystyle 与式 = \lim_{x \to -\infty} \frac{3 - 2\left(\frac{3}{2}\right)^x}{1 + \left(\frac{3}{2}\right)^x} = \frac{3 - 0}{1 + 0} = 3$

34 (1) $y' = \dfrac{2\sqrt{2x - 1} - (2x + 1) \cdot \frac{1}{2}(2x - 1)^{-\frac{1}{2}} \cdot 2}{2x - 1}$

$= \dfrac{2 \cdot (2x - 1) - (2x + 1)}{\sqrt{(2x - 1)^3}}$

$= \dfrac{2x - 3}{\sqrt{(2x - 1)^3}}$

(2) $y' = \dfrac{2\sqrt[3]{2x + 1} - (2x + 3) \cdot \frac{1}{3}(2x + 1)^{-\frac{2}{3}} \cdot 2}{(\sqrt[3]{2x + 1})^2}$

$= \dfrac{3 \cdot 2 \cdot (2x + 1) - (4x + 6)}{3\sqrt[3]{(2x + 1)^4}}$

$= \dfrac{8x}{3\sqrt[3]{(2x + 1)^4}}$

35 (1) $\displaystyle\lim_{x \to 1}(x^2 + ax + b) = 1 + a + b = 0$

よって $b = -a - 1$

このとき，与式の分子は

$x^2 + ax - a - 1 = (x - 1)(x + a + 1)$

これより

$\displaystyle\lim_{x \to 1}\frac{x^2 + ax + b}{x - 1} = \lim_{x \to 1}(x + a + 1)$

$= a + 2 = 3$

したがって $a = 1, b = -2$

(2) $\displaystyle\lim_{x \to 2}(ax^2 + bx + 2) = 4a + 2b + 2 = 0$

よって $b = -2a - 1$

このとき，与式の分子は

$ax^2 + (-2a - 1)x + 2 = (ax - 1)(x - 2)$

これより

$\displaystyle\lim_{x \to 2}\frac{ax^2 + bx + 2}{x^2 - 3x + 2} = \lim_{x \to 2}\frac{ax - 1}{x - 1}$

$= 2a - 1 = \dfrac{1}{3}$

したがって $a = \dfrac{2}{3}, b = -\dfrac{7}{3}$

36 (1) $\displaystyle\lim_{x \to 1}(x^2 + ax + 3) = 0$ より $a = -4$

このとき，与式は

$\displaystyle\lim_{x \to 1}\frac{x^2 - 4x + 3}{x - 1} = -2$

(2) $\displaystyle\lim_{x \to 1}(x + a) = 0$ より $a = -1$

このとき，与式は

$\displaystyle\lim_{x \to 1}\frac{x - 1}{\sqrt{2 - x} - 1}$

$\displaystyle = \lim_{x \to 1}\frac{x - 1}{\sqrt{2 - x} - 1} \cdot \frac{\sqrt{2 - x} + 1}{\sqrt{2 - x} + 1}$

$\displaystyle = \lim_{x \to 1}\frac{\sqrt{2 - x} + 1}{-1} = -2$

37 (1) $x = -t$ とおくと

$\displaystyle 与式 = \lim_{t \to \infty}\frac{-4t + 1}{\sqrt{t^2 - t + 1}}$

$$= \lim_{t \to \infty} \frac{-4 + \dfrac{1}{t}}{\sqrt{1 - \dfrac{1}{t} + \dfrac{1}{t^2}}} = -4$$

(2) $x = -t$ とおくと

$$与式 = \lim_{t \to \infty} \left\{ -t(\sqrt{t^2+3} - t) \frac{\sqrt{t^2+3} + t}{\sqrt{t^2+3} + t} \right\}$$

$$= \lim_{t \to \infty} \frac{-3t}{\sqrt{t^2+3} + t}$$

$$= \lim_{t \to \infty} \frac{-3}{\sqrt{1 + \dfrac{3}{t^2}} + 1} = -\frac{3}{2}$$

38 (1) 与式

$$= \lim_{x \to a} \frac{a^2 f(x) - a^2 f(a) + a^2 f(a) - x^2 f(a)}{x - a}$$

$$= a^2 \lim_{x \to a} \frac{f(x) - f(a)}{x - a} - f(a) \lim_{x \to a} \frac{x^2 - a^2}{x - a}$$

$$= a^2 f'(a) - 2a\, f(a)$$

(2) 与式

$$= \lim_{x \to a} \frac{x^2 f(x) - x^2 f(a) + x^2 f(a) - a^2 f(a)}{x - a}$$

$$= \lim_{x \to a} x^2 \cdot \frac{f(x) - f(a)}{x - a} + f(a) \lim_{x \to a} \frac{x^2 - a^2}{x - a}$$

$$= a^2 f'(a) + 2a\, f(a)$$

39 (1) $-2h = t$ とおくと

$$与式 = \lim_{t \to 0} \frac{f(a+t) - f(a)}{-\dfrac{t}{2}}$$

$$= -2 \lim_{t \to 0} \frac{f(a+t) - f(a)}{t} = -2f'(a)$$

(2) $与式 = \lim_{h \to 0} \frac{1}{h} \cdot \dfrac{af(a+h) - (a+h)f(a)}{(a+h)a}$

$$= \lim_{h \to 0} \frac{1}{h} \cdot \frac{af(a+h) - af(a) - hf(a)}{(a+h)a}$$

$$= \lim_{h \to 0} \frac{1}{h} \left\{ \frac{f(a+h) - f(a)}{a+h} - \frac{hf(a)}{(a+h)a} \right\}$$

$$= \lim_{h \to 0} \left\{ \frac{1}{a+h} \cdot \frac{f(a+h) - f(a)}{h} \right\}$$

$$\qquad\qquad - \lim_{h \to 0} \frac{f(a)}{(a+h)a}$$

$$= \frac{f'(a)}{a} - \frac{f(a)}{a^2} = \frac{a\, f'(a) - f(a)}{a^2}$$

❷ いろいろな関数の導関数

Basic

40 (1) $y = e^u,\ u = \cos x$

(2) $y = \sqrt{u},\ u = x^2 + 1$ または

$\qquad y = \sqrt{u+1},\ u = x^2$

41 (1) $6(x^2 + x - 2)^5 (2x + 1)$

(2) $-6x(4 - x^2)^2$ (3) $2x\, e^{x^2}$

(4) $e^{\sin x} \cos x$ (5) $\dfrac{2x}{x^2 + 1}$

(6) $\dfrac{\cos x}{\sin x}\ (= \cot x)$ (7) $\dfrac{2x}{3 \sqrt[3]{(x^2+1)^2}}$

(8) $-\dfrac{x}{\sqrt{(x^2+1)^3}}$

42 (1) $-3\cos^2 x \sin x$ (2) $\dfrac{4\tan^3 x}{\cos^2 x}$

43 (1) $12\sin^3 3x \cos 3x$ (2) $\dfrac{6\tan^2 2x}{\cos^2 2x}$

(3) $e^{x^3}(3x^2 \sin 2x + 2\cos 2x)$

(4) $\dfrac{6x\{\log(x^2+1)\}^2}{x^2+1}$

44 (1) $\dfrac{2}{x+1} - \dfrac{3}{x-1} = \dfrac{-x-5}{(x+1)(x-1)}$

(2) $\dfrac{2}{x+1} - \dfrac{1}{x} - \dfrac{1}{x-1} = \dfrac{-3x+1}{x(x+1)(x-1)}$

(3) $\dfrac{4}{x} + \dfrac{3x^2}{2(x^3+1)} = \dfrac{11x^3+8}{2x(x^3+1)}$

(4) $\dfrac{2x}{3(x^2+1)} + \dfrac{3}{2x} = \dfrac{13x^2+9}{6x(x^2+1)}$

45 (1) $(2x)^x (\log 2x + 1)$

(2) $x^{\sin x - 1}(x\cos x \log x + \sin x)$

46 $f(y) = y^6$ について，$\left(\sqrt[6]{x}\right)' = \dfrac{1}{f'(y)}$ を用いよ．

$\qquad \dfrac{1}{6\sqrt[6]{x^5}}$

47 (1) $\dfrac{\pi}{4}$ (2) $\dfrac{\pi}{6}$

48 $A = \sin^{-1}\dfrac{2}{\sqrt{5}},\ B = \sin^{-1}\dfrac{1}{\sqrt{5}}$

49 (1) $\dfrac{\pi}{3}$ (2) $\dfrac{\pi}{3}$

50 $\sin y = x,\ \cos y = \sqrt{1 - x^2}$ を逆三角関数で表せ．

51 (1) $-\dfrac{\pi}{3}$ (2) $\dfrac{\pi}{2}$ (3) $\dfrac{2}{3}\pi$

(4) π (5) $-\dfrac{\pi}{3}$ (6) $-\dfrac{\pi}{4}$

52 (1) $\dfrac{3}{\sqrt{1 - 9x^2}}$ (2) $\dfrac{1}{\sqrt{9 - x^2}}$

(3) $-\dfrac{3}{\sqrt{1 - 9x^2}}$ (4) $-\dfrac{1}{\sqrt{9 - x^2}}$

(5) $\dfrac{2}{1+4x^2}$　　　(6) $\dfrac{2x}{1+x^4}$

53 $\dfrac{x}{a} = u$ とおき，合成関数の微分法を用いよ．

54 (1) 与式の左辺を $f(x)$ とおくと，$f(x)$ は区間 $[-1,\,1]$ で連続で

$$f(-1) = (-1)^3 - 4 \cdot (-1) - 2 = 1 > 0$$
$$f(1) = 1^3 - 4 - 2 = -5 < 0$$

よって，中間値の定理により，方程式 $f(x) = 0$ は区間 $(-1,\,1)$ に実数解をもつ．

(2) 与式の左辺を $f(x)$ とおくと，$f(x)$ は区間 $[-1,\,1]$ で連続で

$$f(-1) = -1 < 0,\ f(1) = 3 > 0$$

よって，中間値の定理により，方程式 $f(x) = 0$ は区間 $(-1,\,1)$ に実数解をもつ．

55 (1) $f(x) = \log_2 x + x$ とおくと，$f(x)$ は区間 $\left[\dfrac{1}{2},\,1\right]$ で連続で

$$f\left(\frac{1}{2}\right) = \log_2 \frac{1}{2} + \frac{1}{2} = -\frac{1}{2} < 0$$
$$f(1) = \log_2 1 + 1 = 1 > 0$$

よって，中間値の定理により，方程式 $f(x) = 0$ は区間 $\left(\dfrac{1}{2},\,1\right)$ に実数解をもつ．

(2) $f(x) = \dfrac{1}{e^x} - \sin\left(\dfrac{\pi}{2}x\right)$ とおくと，$f(x)$ は区間 $[0,\,1]$ で連続で

$$f(0) = 1 > 0$$
$$f(1) = \frac{1}{e} - 1 = \frac{1-e}{e} < 0$$

よって，中間値の定理により，方程式 $f(x) = 0$ は区間 $(0,\,1)$ に実数解をもつ．

Check ●

56 (1) $10x(2x^2+3)(x^4+3x^2-2)^4$

(2) $-\dfrac{6t}{(t^2-4)^4}$

(3) $\dfrac{2x+3}{4\sqrt[4]{(x^2+3x+2)^3}}$

(4) $\dfrac{4t}{3\sqrt[3]{(4-t^2)^5}}$　　　⇒41

57 (1) $12\sin^2 4x \cos 4x$　　　(2) $\dfrac{\sin x}{\cos^2 x}$

(3) $\dfrac{1}{2\cos^2 x\sqrt{\tan x}}$

(4) $e^{-3x}(-3\sin 2x + 2\cos 2x)$

(5) $-\dfrac{2x}{1-x^2}$

(6) $\dfrac{1}{\tan x \cos^2 x}\ \left(=\dfrac{1}{\sin x \cos x}\right)$

(7) $-\dfrac{2x}{(x^2+1)\bigl\{\log(x^2+1)\bigr\}^2}$

(8) $-\dfrac{2}{e^{2x}}\left\{\dfrac{x}{1-x^2} + \log(1-x^2)\right\}$

⇒41,42,43

58 (1) $\dfrac{2x-5}{(x+2)(2x+1)}$

(2) $\dfrac{-2x^2-5x-1}{x(2x+1)(2x-1)}$　　　⇒44

59 $3x^{3x}(\log x + 1)$　　　⇒45

60 (1) 2　　　(2) $\sin^{-1}\dfrac{\sqrt{21}}{5}$

⇒48,50

61 (1) $-\dfrac{\pi}{4}$　　(2) $\dfrac{\pi}{2}$　　(3) $-\dfrac{\pi}{3}$

⇒47,49,51

62 (1) $\dfrac{4}{\sqrt{1-16x^2}}$　　(2) $-\dfrac{1}{\sqrt{16-x^2}}$

(3) $\dfrac{12}{9x^2+16}$　　(4) $-\dfrac{2}{x\sqrt{x^2-4}}$

(5) $\dfrac{\cos^{-1}x + \sin^{-1}x}{(\cos^{-1}x)^2\sqrt{1-x^2}}$

(6) $\dfrac{1}{2(x^2+1)\sqrt{\tan^{-1}x}}$　　　⇒52,53

63 $f(x) = e^x + x - 2$ とおくと，$f(x)$ は区間 $[0,\,1]$ で連続で

$$f(0) = -1 < 0,\ f(1) = e - 1 > 0$$

よって，中間値の定理により，方程式 $f(x) = 0$ は区間 $(0,\,1)$ に実数解をもつ．　　⇒54,55

Step up ●●

64 (1) $y' = \dfrac{1}{\sqrt{1-\dfrac{x^2}{1+x^2}}} \cdot \dfrac{\sqrt{1+x^2} - \dfrac{x^2}{\sqrt{1+x^2}}}{1+x^2}$

$\qquad = \dfrac{1}{1+x^2}$

(2) $y' = \dfrac{1}{1 + \dfrac{(1-\cos x)^2}{\sin^2 x}}$

$\qquad\qquad \times \dfrac{\sin^2 x - (1-\cos x)\cos x}{\sin^2 x}$

$\qquad = \dfrac{1-\cos x}{2 - 2\cos x} = \dfrac{1}{2}$

65 (1) 両辺の自然対数をとると

$\log y = 2\log x$

$\qquad\qquad + \dfrac{1}{2}\{\log(1+x^2) - \log(1-x^2)\}$

両辺を x について微分すると

$\dfrac{1}{y}\cdot y' = \dfrac{2}{x} + \dfrac{1}{2}\left(\dfrac{2x}{1+x^2} + \dfrac{2x}{1-x^2}\right)$

$\qquad\quad = \dfrac{2(1+x^2-x^4)}{x(1+x^2)(1-x^2)}$

よって

$y' = \dfrac{2(1+x^2-x^4)}{x(1+x^2)(1-x^2)}y$

$\quad = \dfrac{2x(1+x^2-x^4)}{\sqrt{1+x^2}\sqrt{(1-x^2)^3}}$

(2) 両辺の自然対数をとると

$\log y = \dfrac{1}{2}\{\log(2-\cos^2 x) - \log(2+\cos^2 x)\}$

両辺を x について微分すると

$\dfrac{1}{y}\cdot y' = \dfrac{1}{2}\left(\dfrac{2\cos x\sin x}{2-\cos^2 x} + \dfrac{2\cos x\sin x}{2+\cos^2 x}\right)$

$\qquad\quad = \dfrac{4\sin x\cos x}{(2-\cos^2 x)(2+\cos^2 x)}$

よって

$y' = \dfrac{4\sin x\cos x}{(2-\cos^2 x)(2+\cos^2 x)}y$

$\quad = \dfrac{4\sin x\cos x}{\sqrt{2-\cos^2 x}\,\sqrt{(2+\cos^2 x)^3}}$

66 (1) $y' = \dfrac{1 + \dfrac{x}{\sqrt{x^2-1}}}{x + \sqrt{x^2-1}}$

$\quad = \dfrac{\sqrt{x^2-1}+x}{(x+\sqrt{x^2-1})\sqrt{x^2-1}} = \dfrac{1}{\sqrt{x^2-1}}$

(2) 与えられた式を変形すると

$e^y = x + \sqrt{x^2-1} \qquad\qquad ①$

両辺の逆数をとると

$\dfrac{1}{e^y} = \dfrac{1}{x+\sqrt{x^2-1}} = x - \sqrt{x^2-1}$

これから $e^{-y} = x - \sqrt{x^2-1} \qquad ②$

①, ②の両辺を加えると $e^y + e^{-y} = 2x$

よって $x = \dfrac{e^y + e^{-y}}{2}$

(3) (2) より $\dfrac{dx}{dy} = \left(\dfrac{e^y + e^{-y}}{2}\right)' = \dfrac{e^y - e^{-y}}{2}$

ここで, ①, ②を代入すると

$\dfrac{dx}{dy} = \sqrt{x^2-1}$

よって $\dfrac{dy}{dx} = \dfrac{1}{\dfrac{dx}{dy}} = \dfrac{1}{\sqrt{x^2-1}}$

67 (1) $y' = \dfrac{1}{2}\{\log(1-x) - \log(1+x)\}'$

$\quad = \dfrac{1}{2}\left(-\dfrac{1}{1-x} - \dfrac{1}{1+x}\right)$

$\quad = -\dfrac{1}{1-x^2}$

(2) 与えられた式を変形すると

$e^{2y} = \dfrac{1-x}{1+x}$

$(1+x)e^{2y} = 1-x$

これから $(1+e^{2y})x = 1-e^{2y}$

よって $x = \dfrac{1-e^{2y}}{1+e^{2y}}$

(3) (2) より $\dfrac{dx}{dy} = -\dfrac{4e^{2y}}{(1+e^{2y})^2}$

よって $\dfrac{dy}{dx} = \dfrac{1}{\dfrac{dx}{dy}} = -\dfrac{(1+e^{2y})^2}{4e^{2y}}$

これに $e^{2y} = \dfrac{1-x}{1+x}$ を代入すると

$\dfrac{dy}{dx} = -\dfrac{\dfrac{4}{(1+x)^2}}{\dfrac{4(1-x)}{1+x}} = -\dfrac{1}{1-x^2}$

68 $x = 0$ における $f(x)$ の右側極限値を計算すると

$\lim_{x\to+0} \dfrac{\sqrt{3x+2} - \sqrt{x+2}}{x}$

$= \lim_{x\to+0} \dfrac{(3x+2) - (x+2)}{x(\sqrt{3x+2} + \sqrt{x+2})}$

$= \lim_{x\to+0} \dfrac{2}{\sqrt{3x+2} + \sqrt{x+2}} = \dfrac{1}{\sqrt{2}}$

$x = 0$ における $f(x)$ の左側極限値を計算すると

$\lim_{x\to-0} \cos(x+\theta) = \cos\theta$

よって, $\cos\theta = \dfrac{1}{\sqrt{2}}$ より $\theta = \dfrac{\pi}{4}$

Plus ●●●

1 数列の収束と発散

69 (1) $\dfrac{1}{3}$ に収束 (2) ∞ に発散 (3) 振動

2 関数の連続性と微分可能性

70 (1) $\left|\tan^{-1}\dfrac{1}{x}\right| < \dfrac{\pi}{2}$ より

$$-\dfrac{\pi}{2}|x| < x\tan^{-1}\dfrac{1}{x} < \dfrac{\pi}{2}|x|$$

$\displaystyle\lim_{x\to 0}\left(-\dfrac{\pi}{2}|x|\right) = \lim_{x\to 0}\dfrac{\pi}{2}|x| = 0$ より

$$\lim_{x\to 0}f(x) = \lim_{x\to 0}x\tan^{-1}\dfrac{1}{x} = 0 = f(0)$$

よって，連続である．

(2) $\quad f'(0) = \displaystyle\lim_{h\to 0}\dfrac{f(h)-f(0)}{h}$

$\qquad = \displaystyle\lim_{h\to 0}\dfrac{1}{h}\left(h\tan^{-1}\dfrac{1}{h}\right)$

$\qquad = \displaystyle\lim_{h\to 0}\tan^{-1}\dfrac{1}{h}$

右側極限値と左側極限値はそれぞれ

$$\lim_{h\to +0}\tan^{-1}\dfrac{1}{h} = \dfrac{\pi}{2}$$

$$\lim_{h\to -0}\tan^{-1}\dfrac{1}{h} = -\dfrac{\pi}{2}$$

$f'(0)$ は存在せず，微分可能ではない．

71 (1) $x=0$ での $f(x)$ の微分係数の右側極限値は

$$\lim_{h\to +0}\dfrac{f(h)-f(0)}{h}$$

$$= \lim_{h\to +0}h^{m-1} = \begin{cases} 0 & (m\geqq 2) \\ 1 & (m=1) \end{cases}$$

$x=0$ での $f(x)$ の微分係数の左側極限値は

$$\lim_{h\to -0}\dfrac{f(h)-f(0)}{h} = 0$$

よって，$m\geqq 2$ のとき，$x=0$ で連続になる．

(2) (1) より $m\geqq 2$ ならば，$f'(x)$ は存在し

$$f'(x) = \begin{cases} mx^{m-1} & (x>0) \\ 0 & (x\leqq 0) \end{cases}$$

$m\geqq 3$ のとき，$x=0$ での $f'(x)$ の微分係数の右側極限値は

$$\lim_{h\to +0}\dfrac{f'(h)-f'(0)}{h} = \lim_{h\to +0}mh^{m-2} = 0$$

$x=0$ での $f'(x)$ の微分係数の左側極限値は

$$\lim_{h\to -0}\dfrac{f'(h)-f'(0)}{h} = 0$$

よって，$x=0$ での $f'(x)$ の微分係数が 0 となり，$x=0$ で微分可能である．

2章 微分の応用

1 関数の変動

Basic

72 (1) $y = 5x - 9$　　(2) $y = -\dfrac{1}{4}x + 1$

(3) $y = x + 4$　　(4) $y = 2x + 1$

73 (1) $y = -\dfrac{1}{9}x - \dfrac{2}{3}$　　(2) $y = -\dfrac{1}{2}x + \dfrac{\pi}{8} + 1$

74 (1) $f'(x) = 3x^2 + 4 > 0$ より，I で増加する．

(2) $f'(x) = 1 - e^x < 0$ より，I で減少する．

75 (1) $x > 3$ のとき増加，$x < 3$ のとき減少

x	$\cdots$	3	$\cdots$
y'	$-$	0	$+$
y	$\searrow$	-2	$\nearrow$

(2) $x < 0$, $x > 3$ のとき増加

$0 < x < 3$ のとき減少

x	$\cdots$	0	$\cdots$	3	$\cdots$
y'	$+$	0	$-$	0	$+$
y	$\nearrow$	3	$\searrow$	-24	$\nearrow$

(3) $-1 < x < 0$, $x > 2$ のとき増加

$x < -1$, $0 < x < 2$ のとき減少

x	$\cdots$	-1	$\cdots$	0	$\cdots$	2	$\cdots$
y'	$-$	0	$+$	0	$-$	0	$+$
y	$\searrow$	-5	$\nearrow$	0	$\searrow$	-32	$\nearrow$

76 (1) 極大値 1 $(x=1)$，極小値 -3 $(x=3)$

x	$\cdots$	1	$\cdots$	3	$\cdots$
y'	$+$	0	$-$	0	$+$
y	$\nearrow$	1	$\searrow$	-3	$\nearrow$

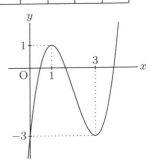

(2) 極大値なし, 極小値 $-\dfrac{27}{16}$ $\left(x=\dfrac{3}{2}\right)$

x	$\cdots$	0	$\cdots$	$\frac{3}{2}$	$\cdots$
y'	$-$	0	$-$	0	$+$
y	↘	0	↘	$-\frac{27}{16}$	↗

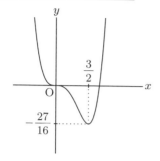

(3) 極大値 1 $(x=1)$, 極小値 0 $(x=0,\ 2)$

x	$\cdots$	0	$\cdots$	1	$\cdots$	2	$\cdots$
y'	$-$	0	$+$	0	$-$	0	$+$
y	↘	0	↗	1	↘	0	↗

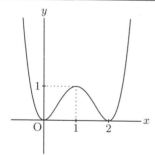

77

x	$\cdots$	$-\sqrt{2}$	$\cdots$	$\sqrt{2}$	$\cdots$
y'	$+$	0	$-$	0	$+$
y	↗	$4\sqrt{2}+a$	↘	$-4\sqrt{2}+a$	↗

条件から, 極小値 $-4\sqrt{2}+a>0$ より $a>4\sqrt{2}$

78 (1) 最大値 5 $(x=-1)$, 最小値 -27 $(x=3)$

x	-2	$\cdots$	-1	$\cdots$	3	$\cdots$	4
y'		$+$	0	$-$	0	$+$	
y	-2	↗	5	↘	-27	↗	-20

(2) 最大値 1 $(x=1)$, 最小値 -27 $(x=3)$

x	-1	$\cdots$	0	$\cdots$	1	$\cdots$	3
y'		$+$	0	$+$	0	$-$	0
y	-11	↗	0	↗	1	↘	-27

(3) 最大値 $\sqrt{2}$ $\left(x=\dfrac{\pi}{4}\right)$, 最小値 -1 $(x=\pi)$

x	0	$\cdots$	$\frac{\pi}{4}$	$\cdots$	π
y'		$+$	0	$-$	
y	1	↗	$\sqrt{2}$	↘	-1

(4) $e^2>5$ より $e^2-4>1$ であることを用いよ.

最大値 e^2-4 $(x=e)$

最小値 $2-2\log 2$ $(x=\sqrt{2})$

x	1	$\cdots$	$\sqrt{2}$	$\cdots$	e
y'		$-$	0	$+$	
y	1	↘	$2-2\log 2$	↗	e^2-4

79 (1) $S=x\sqrt{2ax-x^2}$ $(0<x<2a)$

(2) $x=\dfrac{3}{2}a$

80 $f(x)=$左辺$-$右辺 とおき, $f(x)$ の増減表から, $f(x)\geqq 0$ であることを示せ.

81 (1) $-\dfrac{3}{5}$　　(2) $\dfrac{2}{3}$　　(3) 0　　(4) 1

82 (1) $\dfrac{2}{3}$　　(2) 2　　(3) $\dfrac{1}{12}$

83 (1) 0　　(2) 0　　(3) -1

Check

84 (1) $y=2x+2$　　(2) $y=-\dfrac{1}{\pi}x+1$

⇒72

85 (1) $y=-\dfrac{1}{10}x+\dfrac{21}{5}$　　(2) $y=-\dfrac{1}{2}x+\dfrac{3}{2}e$

⇒73

86 (1) 極大値 $\dfrac{5}{27}$ $\left(x=-\dfrac{1}{3}\right)$, 極小値 -1 $(x=1)$

x	$\cdots$	$-\frac{1}{3}$	$\cdots$	1	$\cdots$
y'	$+$	0	$-$	0	$+$
y	↗	$\frac{5}{27}$	↘	-1	↗

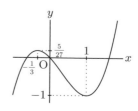

(2) 極大値 4 $(x=0)$

極小値 -4 $(x=-2)$ および $\dfrac{11}{4}$ $(x=1)$

x	$\cdots$	-2	$\cdots$	0	$\cdots$	1	$\cdots$
y'	$-$	0	$+$	0	$-$	0	$+$
y	$\searrow$	-4	$\nearrow$	4	$\searrow$	$\dfrac{11}{4}$	$\nearrow$

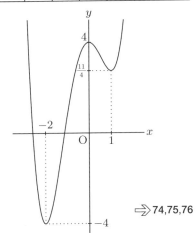

$\Rightarrow$74,75,76

87 $a>4$　　　　　　　　　　　　$\Rightarrow$77

88 (1) 最大値 $\dfrac{16}{3}$ $(x=2)$, 最小値 $-\dfrac{1}{3}$ $(x=1)$

x	0	$\cdots$	1	$\cdots$	2
y'		$-$	0	$+$	
y	0	$\searrow$	$-\dfrac{1}{3}$	$\nearrow$	$\dfrac{16}{3}$

(2) 最大値 e^2 $(x=2)$, 最小値 -1 $(x=0)$

x	-1	$\cdots$	0	$\cdots$	2
y'		$-$	0	$+$	
y	$-\dfrac{2}{e}$	$\searrow$	-1	$\nearrow$	e^2

$\Rightarrow$78

89 (1) $V=\dfrac{1}{3}\pi(9-x^2)(3+x)$ $(0\leqq x<3)$

(2) 1　　　　　　　　　　　　$\Rightarrow$79

90 $f(x)=$ 左辺 $-$ 右辺 とおき, $f(x)$ の増減表から,

$f(x)\geqq 0$ であることを示せ.　　　$\Rightarrow$80

91 (1) 1　　(2) -1　　(3) $-\dfrac{1}{5}$　　(4) 1

(5) -8　　(6) $\dfrac{2}{3}$　　(7) 0　　(8) 1

$\Rightarrow$81,82,83

92 (1) $f'(-1)=3-2a+b=0$,

$f'(3)=27+6a+b=0$ を解き,

$a=-3$, $b=-9$

また, $f(-1)=-1+a-b+c=7$ から $c=2$

(2) $f(x)=x^3-3x^2-9x+2$ より　$f(3)=-25$

極小値 -25 $(x=3)$

93 $y'=3x^2+2ax+b=0$ は $x=1,3$ を2解とす

るから　$3x^2+2ax+b=3(x-1)(x-3)$

両辺の係数を比べて

$a=-6$, $b=9$

よって, 求める差は

$(1+a+b+c)-(27+9a+3b+c)=4$

94 (1) $y=2tx-t^2$

(2) $x=2$ のとき, $y>0$ であるためには

$4t-t^2>0$

これから　$0<t<4$

(3) $C(t)$ と x 軸との交点は

$2tx-t^2=0$ より $x=\dfrac{t}{2}$

$S(t)=\dfrac{1}{2}\left(2-\dfrac{t}{2}\right)(4t-t^2)$

$S'(t)=\dfrac{1}{4}(3t-4)(t-4)$

$\therefore$　$t=\dfrac{4}{3}$ で最大値 $S(t)=\dfrac{64}{27}$

95 (1) 二等辺三角形の等辺の1辺を b とすると

$b=2\cos\dfrac{\theta}{2}$

$\therefore$　$S=\dfrac{1}{2}b^2\sin\theta$

$=2\sin\theta\cos^2\dfrac{\theta}{2}$ $(0<\theta<\pi)$

(2) 半角の公式 $\cos^2\dfrac{\theta}{2}=\dfrac{1+\cos\theta}{2}$ を用いて

$S=\sin\theta(1+\cos\theta)$

$S'=\cos\theta+\cos^2\theta-\sin^2\theta$

$=2\cos^2\theta+\cos\theta-1$

$=(2\cos\theta-1)(\cos\theta+1)$

$$S' = 0 \ (0 < \theta < \pi) \ \text{より} \quad \theta = \frac{\pi}{3}$$

x	0	$\cdots$	$\frac{\pi}{3}$	$\cdots$	π
y'		$+$	0	$-$	
y		$\nearrow$	$\frac{3\sqrt{3}}{4}$	$\searrow$	

増減表より, $\theta = \dfrac{\pi}{3}$ のとき S は最大となる.

96 $(a, \log a)$ における接線の方程式は
$$y - \log a = \frac{1}{a}(x - a)$$
これに $(0, 0)$ を代入せよ. $y = \dfrac{1}{e}x$

97 $(t, -t^2 + 2t)$ における接線の方程式は
$$y - (-t^2 + 2t) = (-2t + 2)(x - t)$$
$x = 0, \ y = c$ を代入して整理すると
$$t^2 = c \quad \therefore \quad t = \pm\sqrt{c}$$
よって, 2接線の垂直条件より
$$(-2\sqrt{c} + 2)(2\sqrt{c} + 2) = -1$$
これを解いて $c = \dfrac{5}{4}$

98 対数をとってロピタルの定理を用いよ.

(1) $\log \sqrt[x]{x} = \log x^{\frac{1}{x}} = \dfrac{1}{x}\log x = \dfrac{\log x}{x}$ より

$$\lim_{x \to \infty} \log \sqrt[x]{x} = \lim_{x \to \infty} \frac{\log x}{x} = \lim_{x \to \infty} \frac{\frac{1}{x}}{1} = 0$$
よって $\lim_{x \to \infty} \sqrt[x]{x} = \lim_{x \to \infty} e^{\log \sqrt[x]{x}} = 1$

(2) $\displaystyle\lim_{x \to \infty} \log(1 + e^x)^{\frac{1}{x}} = \lim_{x \to \infty} \frac{\log(1 + e^x)}{x}$
$$= \lim_{x \to \infty} \frac{e^x}{1 + e^x} = 1$$
よって $\lim_{x \to \infty}(1 + e^x)^{\frac{1}{x}} = \lim_{x \to \infty} e^{\log(1+e^x)^{\frac{1}{x}}} = e$

② いろいろな応用

Basic

99 (1) $y'' = \dfrac{2}{(x + 2)^3}$

(2) $y'' = 2\cos x - x\sin x$

(3) $y'' = \dfrac{4 - 2x^2}{(x^2 + 2)^2}$

100 (1) $y^{(n)} = (-1)^n e^{-x}$

(2) $y^{(n)} = \dfrac{n!}{(2 - x)^{n+1}}$

101 ライプニッツの公式を用いよ.

$$e^{-x}(x^2 - 8x + 12)$$

102 (1) 極大値 $0 \ (x = 0)$, 極小値 $-1 \ (x = 1)$

変曲点 $\left(\dfrac{1}{2}, \ -\dfrac{1}{2}\right)$

x	$\cdots$	0	$\cdots$	$\frac{1}{2}$	$\cdots$	1	$\cdots$
y'	$+$	0	$-$	$-$	$-$	0	$+$
y''	$-$	$-$	$-$	0	$+$	$+$	$+$
y	$\nearrow$	0	$\searrow$	$-\frac{1}{2}$	$\searrow$	-1	$\nearrow$

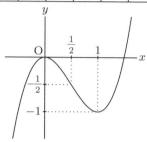

(2) 極大値なし, 極小値 $-3 \ (x = -2)$

変曲点 $\left(-\dfrac{4}{3}, \ -\dfrac{37}{27}\right), \ (0, 1)$

x	$\cdots$	-2	$\cdots$	$-\frac{4}{3}$	$\cdots$	0	$\cdots$
y'	$-$	0	$+$	$+$	$+$	0	$+$
y''	$+$	$+$	$+$	0	$-$	0	$+$
y	$\searrow$	-3	$\nearrow$	$-\frac{37}{27}$	$\nearrow$	1	$\nearrow$

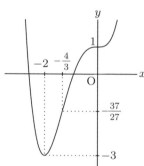

103 (1) 極大値 $\dfrac{1}{2e} \ \left(x = \dfrac{1}{2}\right)$, 極小値なし

変曲点 $\left(1, \ \dfrac{1}{e^2}\right)$

x	$\cdots$	$\frac{1}{2}$	$\cdots$	1	$\cdots$
y'	$+$	0	$-$	$-$	$-$
y''	$-$	$-$	$-$	0	$+$
y	$\nearrow$	$\frac{1}{2e}$	$\searrow$	$\frac{1}{e^2}$	$\searrow$

(2) $\displaystyle\lim_{x\to\infty} f(x)=0,\ \lim_{x\to-\infty} f(x)=-\infty$

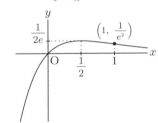

104 極小値 $-\dfrac{1}{2e}\ \left(x=\dfrac{1}{\sqrt{e}}\right)$, 変曲点 $\left(\dfrac{1}{e\sqrt{e}},\ -\dfrac{3}{2e^3}\right)$

x	0	$\cdots$	$\dfrac{1}{e\sqrt{e}}$	$\cdots$	$\dfrac{1}{\sqrt{e}}$	$\cdots$
y'		$-$	$-$	$-$	0	$+$
y''		$-$	0	$+$	$+$	$+$
y		$\searrow$	$-\dfrac{3}{2e^3}$	$\searrow$	$-\dfrac{1}{2e}$	$\nearrow$

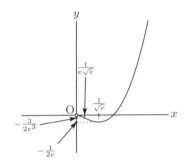

105 (1)

t	-1	$-\dfrac{1}{2}$	0	$\dfrac{1}{2}$	1
x	0	$-\dfrac{3}{4}$	-1	$-\dfrac{3}{4}$	0
y	0	$\dfrac{1}{2}$	1	$\dfrac{3}{2}$	2

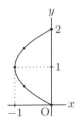

(2)

t	-1	$-\dfrac{1}{2}$	0	$\dfrac{1}{2}$	1
x	2	$\dfrac{3}{4}$	0	$-\dfrac{1}{4}$	0
y	1	$\dfrac{1}{4}$	0	$\dfrac{1}{4}$	1

106 x^2-y^2 を計算せよ.

107 (1) $\dfrac{dy}{dx}=\dfrac{2\sin 2t}{\sin t}=4\cos t$

(2) $\dfrac{dy}{dx}=\dfrac{4}{3t\sqrt{t}}$

108 (1) $(2,\ 3),\ y=x+1$

(2) $(\sqrt{3},\ 0),\ y=\dfrac{3}{2}x-\dfrac{3\sqrt{3}}{2}$

109 (1) $x=2,\ v=-9,\ \alpha=-6$

(2) 1 秒後と 5 秒後

Check

110 (1) $y''=-4\cos 2x$

(2) $y''=-\dfrac{1}{\sqrt{(1+2x)^3}}$ ⇨99

111 (1) $y^{(n)}=\dfrac{3^n n!}{(1-3x)^{n+1}}$

(2) $y^{(n)}=-\dfrac{(n-1)!}{(1-x)^n}$ ⇨100

112 ライプニッツの公式を用いよ.

$y^{(5)}=(x^2-20)\cos x+10x\sin x$ ⇨101

113 (1) 極大値 $4\ (x=-2)$, 極小値 $-4\ (x=2)$

変曲点 $(0,\ 0)$

x	$\cdots$	-2	$\cdots$	0	$\cdots$	2	$\cdots$
y'	$+$	0	$-$	$-$	$-$	0	$+$
y''	$-$	$-$	$-$	0	$+$	$+$	$+$
y	$\nearrow$	4	$\searrow$	0	$\searrow$	-4	$\nearrow$

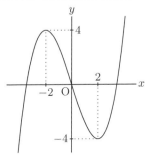

(2) 極大値 $0\ (x=0)$, 極小値 $-\dfrac{9}{4}\ (x=\pm\sqrt{3})$

変曲点 $\left(\pm 1,\ -\dfrac{5}{4}\right)$

x	$\cdots$	$-\sqrt{3}$	$\cdots$	-1	$\cdots$	0	$\cdots$	1	$\cdots$	$\sqrt{3}$	$\cdots$
y'	$-$	0	$+$	$+$	$+$	0	$-$	$-$	$-$	0	$+$
y''	$+$	$+$	$+$	0	$-$	$-$	$-$	0	$+$	$+$	$+$
y	$\searrow$	$-\dfrac{9}{4}$	$\nearrow$	$-\dfrac{5}{4}$	$\nearrow$	0	$\searrow$	$-\dfrac{5}{4}$	$\searrow$	$-\dfrac{9}{4}$	$\nearrow$

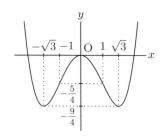

⇒102

114 (1) 極大値なし，極小値 0 $(x = 0)$

変曲点 $(\pm 1,\ \log 2)$

x	$\cdots$	-1	$\cdots$	0	$\cdots$	1	$\cdots$
y'	$-$	$-$	$-$	0	$+$	$+$	$+$
y''	$-$	0	$+$	$+$	$+$	0	$-$
y	$\searrow$	$\log 2$	$\searrow$	0	$\nearrow$	$\log 2$	$\nearrow$

(2) $\displaystyle \lim_{x \to \pm\infty} \log(x^2 + 1) = \infty$

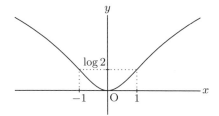

⇒102,103

115 (1) 極大値 1 $(x = 1)$，極小値 -1 $(x = -1)$

変曲点 $(0,\ 0)$，$\left(\sqrt{3},\ \dfrac{\sqrt{3}}{2}\right)$，$\left(-\sqrt{3},\ -\dfrac{\sqrt{3}}{2}\right)$

x	$\cdots$	$-\sqrt{3}$	$\cdots$	-1	$\cdots$	0	$\cdots$	1	$\cdots$	$\sqrt{3}$	$\cdots$
y'	$-$	$-$	$-$	0	$+$	$+$	$+$	0	$-$	$-$	$-$
y''	$-$	0	$+$	$+$	$+$	0	$-$	$-$	$-$	0	$+$
y	$\searrow$	$\dfrac{\sqrt{3}}{2}$	$\searrow$	-1	$\nearrow$	0	$\nearrow$	1	$\searrow$	$\dfrac{\sqrt{3}}{2}$	$\searrow$

(2) $\displaystyle \lim_{x \to \pm\infty} f(x) = 0$

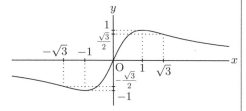

⇒102,103

116 (1) $y = \dfrac{1}{4}(x - 1)^2$　　(2) $\dfrac{x^2}{16} + \dfrac{y^2}{9} = 1$

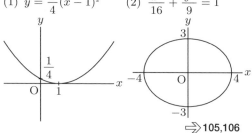

⇒105,106

117 (1) $\dfrac{dy}{dx} = \dfrac{-2t + 3}{3t^2 + 2}$　　(2) $\dfrac{dy}{dx} = \cos^3 t$

⇒107

118 (1) $(3,\ -15)$，$y = -6x + 3$

(2) $\left(\dfrac{3\sqrt{3}}{2},\ 0\right)$，$y = -2x + 3\sqrt{3}$　　⇒108

119 速度 $-\pi e^{-\pi}$，加速度 $2\pi^2 e^{-\pi}$　　⇒109

Step up ●●

120 n についての数学的帰納法で示す．

$n = 1$ のとき，$y' = -\sin x = \cos\left(x + \dfrac{\pi}{2}\right)$ より等式が成り立つ．

$n = k$ のとき $y^{(k)} = \cos\left(x + \dfrac{k\pi}{2}\right)$ が成り立つと仮定すると，$n = k + 1$ のとき

$$y^{(k+1)} = -\sin\left(x + \dfrac{k\pi}{2}\right) = \cos\left(x + \dfrac{k\pi}{2} + \dfrac{\pi}{2}\right)$$
$$= \cos\left(x + \dfrac{(k+1)\pi}{2}\right)$$

よって，任意の自然数 n について

$$y^{(n)} = \cos\left(x + \dfrac{n\pi}{2}\right)$$

121 n についての数学的帰納法で示す．

$y = (1 - 2x)^{-\frac{1}{2}}$ であり，$n = 1$ のとき

$$y' = -\dfrac{1}{2}(1 - 2x)^{-\frac{1}{2} - 1} \times (1 - 2x)'$$
$$= \dfrac{(2 \cdot 1)!}{2^1 \cdot 1!}(1 - 2x)^{-1 - \frac{1}{2}}$$

よって，等式が成り立つ．

$n = k$ のとき $y^{(k)} = \dfrac{(2k)!}{2^k\, k!}(1 - 2x)^{-k - \frac{1}{2}}$ が成り立つと仮定すると，$n = k + 1$ のとき

$$y^{(k+1)} = \dfrac{(2k)!}{2^k\, k!}\left(-k - \dfrac{1}{2}\right)(1 - 2x)^{-k - \frac{1}{2} - 1} \times (-2)$$
$$= \dfrac{(2k)!}{2^k\, k!}(2k + 1)(1 - 2x)^{-(k+1) - \frac{1}{2}}$$

$$= \frac{(2k+2)!}{2^k \, k!(2k+2)}(1-2x)^{-(k+1)-\frac{1}{2}}$$

$$= \frac{\{2(k+1)\}!}{2^{k+1} \, (k+1)!}(1-2x)^{-(k+1)-\frac{1}{2}}$$

よって，任意の自然数 n について

$$y^{(n)} = \frac{(2n)!}{2^n \, n!}(1-2x)^{-n-\frac{1}{2}}$$

122 (1) $\dfrac{dy}{dx} = -4\sin t, \quad \dfrac{d^2y}{dx^2} = -4$

(2) $\dfrac{dy}{dx} = 4t\sqrt{t+2}, \quad \dfrac{d^2y}{dx^2} = 12t+16$

123 (1) $\theta = \dfrac{1}{2}$ 　　(2) $\theta = \dfrac{5}{12}$

124 水を注ぎ始めてから t 秒後の水面の 1 辺の長さを l cm，水の深さを h cm，水の量を V cm³ とする．

(1) $l : h = 10 : 20$ だから　　$l = \dfrac{h}{2}$

このとき　$V = \dfrac{1}{3}l^2h = \dfrac{1}{3}\left(\dfrac{h}{2}\right)^2 h = \dfrac{1}{12}h^3$

t で微分して　$\dfrac{dV}{dt} = \dfrac{1}{4}h^2\dfrac{dh}{dt}$

$\dfrac{dV}{dt} = 8$ だから，$h = 12$ のとき

$$8 = \dfrac{1}{4}\cdot 12^2 \cdot \dfrac{dh}{dt}$$

したがって，水面の上昇する速さは

$$\dfrac{dh}{dt} = \dfrac{2}{9} \text{ cm/秒}$$

(2) 水面の面積を S とすると　$S = l^2 = \dfrac{h^2}{4}$

$h = 12$ のとき (1) より　$\dfrac{dh}{dt} = \dfrac{2}{9}$

$$\dfrac{dS}{dt} = \dfrac{h}{2}\cdot\dfrac{dh}{dt} = \dfrac{12}{2}\cdot\dfrac{2}{9} = \dfrac{4}{3}$$

よって，水面の面積の増加する速さは

$$\dfrac{dS}{dt} = \dfrac{4}{3} \text{ cm}^2\text{/秒}$$

Plus

1　漸近線

125 (1) $\displaystyle\lim_{x\to\infty}\frac{\sqrt{x^2+x+1}}{x}$

$$= \lim_{x\to\infty}\sqrt{1+\frac{1}{x}+\frac{1}{x^2}} = 1$$

$$\lim_{x\to\infty}(\sqrt{x^2+x+1}-x)$$

$$= \lim_{x\to\infty}\frac{x+1}{\sqrt{x^2+x+1}+x} = \frac{1}{2}$$

$$\therefore \ y = x + \frac{1}{2}$$

(2) $x < 0$ のとき，$x = -\sqrt{x^2}$ に注意せよ．

$$\lim_{x\to-\infty}\frac{\sqrt{x^2+x+1}}{x}$$

$$= \lim_{x\to-\infty}\left(-\sqrt{1+\frac{1}{x}+\frac{1}{x^2}}\right) = -1$$

$$\lim_{x\to-\infty}(\sqrt{x^2+x+1}+x)$$

$$= \lim_{x\to-\infty}\frac{x+1}{\sqrt{x^2+x+1}-x} = -\frac{1}{2}$$

$$\therefore \ y = -x - \frac{1}{2}$$

126 (1) $\displaystyle\lim_{x\to\infty}\frac{x}{(\sqrt{x}+1)^2} = \lim_{x\to\infty}\frac{1}{\left(1+\dfrac{1}{\sqrt{x}}\right)^2}$

$$= 1$$

(2) $\displaystyle\lim_{x\to\infty}(f(x)-x) = \lim_{x\to\infty}\frac{-2x\sqrt{x}-x}{(\sqrt{x}+1)^2}$

$$= -\infty$$

よって，漸近線をもたない．

2　グラフのかき方

127 定義域は $x \neq 0$

x	$\cdots$	0	$\cdots$	2	$\cdots$
y'	$+$		$-$	0	$+$
y''	$+$		$+$	$+$	$+$
y	↗		↘	2	↗

極小値 2 $(x=2)$　変曲点 なし

漸近線 $y = x-1, \ x = 0$

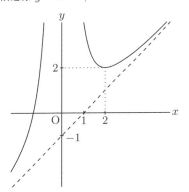

128 定義域は $x \neq 0$

x	$\cdots$	$-\sqrt[3]{2}$	$\cdots$	0	$\cdots$	1	$\cdots$
y'	$-$	$-$	$-$		$-$	0	$+$
y''	$+$	0	$-$		$+$	$+$	$+$
y	$\searrow$	0	$\searrow$		$\searrow$	$\dfrac{3}{2}$	$\nearrow$

極小値 $\dfrac{3}{2}$ $(x=1)$　変曲点 $(-\sqrt[3]{2},\ 0)$

漸近線 $x=0$

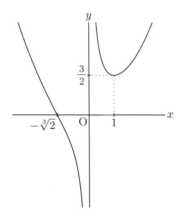

3　いろいろな問題

129 $y = x^2 e^x$ とすると

$$y' = x(2+x)e^x,\ y'' = (2+4x+x^2)e^x$$

$y'=0$ となるのは　$x=0,\ -2$

$y''=0$ となるのは　$x = -2 \pm \sqrt{2}$

$$\lim_{x \to \infty} x^2 e^x = \infty$$

$x = -t$ とおくと

$$\lim_{x \to -\infty} x^2 e^x = \lim_{t \to \infty} t^2 e^{-t} = \lim_{t \to \infty} \frac{t^2}{e^t}$$
$$= \lim_{t \to \infty} \frac{2t}{e^t} = \lim_{t \to \infty} \frac{2}{e^t} = 0$$

極大値 $\dfrac{4}{e^2}$ $(x=-2)$　極小値 0 $(x=0)$

変曲点 $\left(-2 \mp \sqrt{2},\ \dfrac{6 \pm 4\sqrt{2}}{e^{2 \pm \sqrt{2}}}\right)$　（複号同順）

x	$\cdots$	$-2-\sqrt{2}$	$\cdots$	-2	$\cdots$	$-2+\sqrt{2}$	$\cdots$	0	$\cdots$
y'	$+$	$+$	$+$	0	$-$	$-$	$-$	0	$+$
y''	$+$	0	$-$	$-$	$-$	0	$+$	$+$	$+$
y	$\nearrow$	$\dfrac{6+4\sqrt{2}}{e^{2+\sqrt{2}}}$	$\nearrow$	$\dfrac{4}{e^2}$	$\searrow$	$\dfrac{6-4\sqrt{2}}{e^{2-\sqrt{2}}}$	$\searrow$	0	$\nearrow$

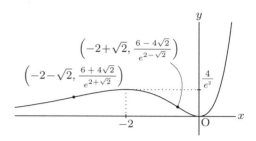

130 曲線 C 上の接点を $(t,\ t^3 + kt + 1)$ とおく. 接線の方程式は

$$y - (t^3 + kt + 1) = (3t^2 + k)(x - t)$$

点 P$(1,\ 0)$ を通るから

$$-(t^3 + kt + 1) = (3t^2 + k)(1 - t)$$

整理すると　$2t^3 - 3t^2 - 1 = k$

t についてのこの方程式が 3 つの異なる実数解をもてばよい. $f(t) = 2t^3 - 3t^2 - 1$ とおくと, 増減表は次のようになる.

t	$\cdots$	0	$\cdots$	1	$\cdots$
$f'(t)$	$+$	0	$-$	0	$+$
$f(t)$	$\nearrow$	-1	$\searrow$	-2	$\nearrow$

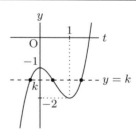

直線 $y=k$ と 曲線 $y=f(t)$ の交点が 3 つ存在する範囲は　$-2 < k < -1$

131 AD と BC が平行で AB $=$ AD $=$ CD $= 1$ であるような台形 ABCD を考え, $\angle B = \theta$ として面積 S を θ についての関数で表す.

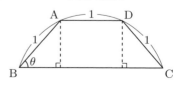

$$S = \frac{1}{2}(2\cos\theta + 1 + 1)\sin\theta = (\cos\theta + 1)\sin\theta$$

$$S' = -\sin^2\theta + (\cos\theta + 1)\cos\theta$$
$$= -\sin^2\theta + \cos^2\theta + \cos\theta$$
$$= 2\cos^2\theta + \cos\theta - 1 = (2\cos\theta - 1)(\cos\theta + 1)$$

題意より，$S' = 0$ となるのは　$\cos\theta = \dfrac{1}{2}$

よって，$\theta = \dfrac{\pi}{3}$ のとき S は最大値 $\dfrac{3\sqrt{3}}{4}$ をとる.

132 (1) ロピタルの定理または微分係数の定義式を用い
よ.　e^4

(2) 対数をとって，ロピタルの定理を用いると

$$\lim_{x\to 0} \frac{\log(\cos x)}{\log(1+x^2)} = \lim_{x\to 0} \frac{-\dfrac{\sin x}{\cos x}}{\dfrac{2x}{1+x^2}}$$

$$= -\lim_{x\to 0} \frac{\sin x}{x} \lim_{x\to 0} \frac{1+x^2}{2\cos x} = -\frac{1}{2}$$

したがって，求める極限値は　$\dfrac{1}{\sqrt{e}}$

133 $f(x) = \log x$ とおくと　$f'(x) = \dfrac{1}{x}$

平均値の定理から　$\dfrac{f(b)-f(a)}{b-a} = f'(h)$

すなわち　$\dfrac{\log b - \log a}{b-a} = \dfrac{1}{h}$

を満たす h が a と b の間に存在する.

同様に，$\dfrac{f(c)-f(b)}{c-b} = f'(k)$，すなわち

$$\dfrac{\log c - \log b}{c-b} = \dfrac{1}{k}$$

を満たす k が b と c の間に存在する.

$h < k$ より，$\dfrac{1}{h} > \dfrac{1}{k}$ だから

$$\dfrac{\log b - \log a}{b-a} > \dfrac{\log c - \log b}{c-b}$$

134 (1) n についての数学的帰納法で示す.

$n = 1$ のとき，$f'(x) = -2xe^{-x^2}$

よって，1 次式 $\varphi_1(x) = -2x$ により成り立つ.

$n = k$ のとき，$f^{(k)}(x) = \varphi_k(x)e^{-x^2}$

（$\varphi_k(x)$ は k 次の多項式）とすると

$$f^{(k+1)}(x) = \{\varphi_k{}'(x) - 2x\varphi_k(x)\}e^{-x^2}$$

$\varphi_k{}'(x)$ は $k-1$ 次，$-2x\varphi_k(x)$ は $k+1$ 次だ
から，$\varphi_{k+1}(x) = \varphi_k{}'(x) - 2x\varphi_k(x)$ として成
り立つ.

以上より，任意の自然数 n について成り立つ.

(2) まず，ロピタルの定理より $\displaystyle\lim_{x\to\infty} x^k e^{-x^2} = 0$ を
示す. k が偶数のとき

$$\lim_{x\to\infty} \frac{x^k}{e^{x^2}} = \lim_{x\to\infty} \frac{kx^{k-1}}{2xe^{x^2}} = \lim_{x\to\infty} \frac{kx^{k-2}}{2e^{x^2}}$$

$$= \cdots = \lim_{x\to\infty} \frac{k(k-2)\cdots 2}{2^{\frac{k}{2}}e^{x^2}} = 0$$

k が奇数のときも同様である.

したがって，$f^{(n)}(x) = \varphi_n(x)e^{-x^2}$ を展開した
ときの各項は 0 に収束するから

$$\lim_{x\to\infty} f^{(n)}(x) = 0$$

3章　積分法

1　不定積分と定積分

Basic

135 (1) $\dfrac{1}{7}x^7 + C$　　(2) $-\dfrac{1}{4x^4} + C$

(3) $\dfrac{2}{7}x^3\sqrt{x} + C$　　(4) $\dfrac{3}{2}\sqrt[3]{x^2} + C$

136 (1) $\dfrac{1}{4}x^4 + \dfrac{2}{3}x^3 + 4x^2 - 3x + C$

(2) $-5\cos x + 3e^x + C$

(3) $4\sin x + 7\log|x| + C$

(4) $\dfrac{1}{5}x^5 + 3x^2 - \dfrac{9}{x} + C$

137 (1) $\dfrac{1}{18}(3x+1)^6 + C$　　(2) $\dfrac{1}{2}\sin 2x + C$

(3) $\dfrac{3}{2}e^{2x-1} + C$　　(4) $\dfrac{1}{5}\log|5x+4| + C$

138 (1) $S_\Delta = \displaystyle\sum_{k=1}^{n}\left(\dfrac{k}{n}\right)^3\dfrac{1}{n} = \dfrac{1}{4}\left(1+\dfrac{1}{n}\right)^2$

(2) $\displaystyle\lim_{\Delta x_k\to\infty} S_\Delta$ を求めよ.

139 (1) 4　　　　　　(2) $\dfrac{17}{4}$

140 (1) 2　　　　　　(2) $\dfrac{2}{3}$

141 (1) 12　　　　　(2) $\dfrac{35}{6}$

(3) $\dfrac{3\sqrt{3}+1}{2}$　　(4) $e + \dfrac{1}{e} - 2$

142 (1) $\dfrac{104}{3}$　　　　(2) $2\sqrt{2}$

143 (1) 4　　　　　　(2) $\dfrac{1}{2}$

144 (1) $\dfrac{32}{3}$　　　　　　(2) 1

145 (1) $-2\cos x - 3\cot x + C$

(2) $\tan x + \cot x + C$

146 (1) $\sin^{-1}\dfrac{x}{3} + C$

(2) $\log\left|x + \sqrt{x^2 - 9}\right| + C$

(3) $x + \tan^{-1}\dfrac{x}{2} + C$

147 (1) $\dfrac{\pi}{3}$　　　(2) $\dfrac{1}{2}\log 5$　　(3) $\dfrac{\pi}{2\sqrt{3}}$

Check

148 (1) $\dfrac{1}{2}x^4 - \dfrac{7}{3}x^3 + \dfrac{3}{2}x^2 + 4x + C$

(2) $\dfrac{1}{4}x^4 - x^2 + \log x + C$

(3) $\dfrac{2}{9}\sqrt{(3x+4)^3} + C$

(4) $\dfrac{2}{3}\sin 3x + \dfrac{3}{5}\cos(5x+1) + C$

(5) $-\dfrac{2}{5}\log|3 - 5x| + C$

(6) $e^x - \dfrac{1}{2}e^{-2x} + C$　　　⇨135,136,137

149 $S_\Delta = \displaystyle\sum_{k=1}^{n}\left(\dfrac{k}{n} - 2\right)\dfrac{1}{n} = -\dfrac{3}{2} + \dfrac{1}{2n}$

$\displaystyle\lim_{\Delta x_k \to 0} S_\Delta = -\dfrac{3}{2}$　　　⇨138

150 (1) 10　　　　　　(2) $14 - 2\log 2$

(3) 4　　　　　　(4) $\dfrac{2}{5}$

(5) $\dfrac{1}{3} - \sqrt{3}$　　(6) $\dfrac{1}{2}e^2 + 6e + \dfrac{5}{2}$

⇨139,140,141

151 (1) -6　　　　　　(2) $\dfrac{4}{3}$

(3) $e^x - e^{-x}$ は奇関数であることを用いよ. 0

(4) $e^x + e^{-x}$ は偶関数であることを用いよ.

$2\left(e - \dfrac{1}{e}\right)$　　　⇨142

152 (1) $\dfrac{7}{24}$　　　　(2) $\dfrac{8}{3}$　　⇨143,144

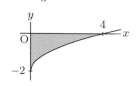

153 (1) $\sin^{-1}\dfrac{x}{\sqrt{3}} + C$

(2) $\log\left(x + \sqrt{x^2 + 3}\right) + C$

(3) $(1 + \tan x)(1 - \tan x) = 1 - \tan^2 x$

$= 1 - \left(\dfrac{1}{\cos^2 x} - 1\right) = 2 - \dfrac{1}{\cos^2 x}$ と変形せよ. $2x - \tan x + C$

(4) $\dfrac{x^3 + 4x + 2}{x^2 + 4} = \dfrac{x(x^2 + 4) + 2}{x^2 + 4}$

$= x + \dfrac{2}{x^2 + 4}$ と変形せよ.

$\dfrac{1}{2}x^2 + \tan^{-1}\dfrac{x}{2} + C$　　⇨145,146

154 (1) $\dfrac{\pi}{4}$　　　　　　(2) $\dfrac{\pi}{16}$

(3) $\log\dfrac{1 + \sqrt{5}}{2}$　　(4) $\sqrt{2} - 1$

⇨145,147

Step up

155 (1) $-4x^2 - 4x + 8 = 9 - (2x + 1)^2$ と変形せよ.

$\dfrac{1}{2}\sin^{-1}\dfrac{2x + 1}{3} + C$

(2) $4x^2 - 4x + 8 = (2x - 1)^2 + 7$ と変形せよ.

$\dfrac{1}{2}\log\left|2x - 1 + \sqrt{(2x-1)^2 + 7}\right| + C$

(3) $\cot^2(3 - 2x) = \dfrac{1}{\sin^2(3 - 2x)} - 1$ と変形せよ.　$\dfrac{1}{2}\cot(3 - 2x) - x + C$

156 (1) $\dfrac{x}{1 + \sqrt{x + 1}} = \sqrt{x + 1} - 1$ と変形せよ.

$\dfrac{2}{3}\sqrt{(x+1)^3} - x + C$

(2) $\dfrac{x}{\sqrt{1 + x} + \sqrt{1 - x}} = \dfrac{\sqrt{1 + x} - \sqrt{1 - x}}{2}$ と変形せよ.

$\dfrac{1}{3}\sqrt{(1+x)^3} + \dfrac{1}{3}\sqrt{(1-x)^3} + C$

(3) $x - 1 = (\sqrt{x} + 1)(\sqrt{x} - 1)$ を用いよ.

$\dfrac{2}{3}x\sqrt{x} - x + C$

(4) $e^{2x} = (e^x)^2$ を用いよ.　$e^x - e^{-x} + C$

157 (1) $\dfrac{5}{2}$　　(2) 1　　(3) $\dfrac{3}{2}$　　(4) $\dfrac{1}{2}$

158 (1) $0 \leqq \sin^2 x \leqq 1$ だから

$$\dfrac{1}{2} \leqq \dfrac{1}{1 + \sin^2 x} \leqq 1$$

これより

$$\int_0^1 \frac{1}{2}\,dx < \int_0^1 \frac{1}{1+\sin^2 x}\,dx < \int_0^1 1\,dx$$

$$\therefore \quad \frac{1}{2} < \int_0^1 \frac{1}{1+\sin^2 x}\,dx < 1$$

(2) $0 \leqq x \leqq \dfrac{1}{2}$ では $0 \leqq x^3 \leqq x^2$ だから

$$1 \leqq \frac{1}{\sqrt{1-x^3}} \leqq \frac{1}{\sqrt{1-x^2}}$$

これより

$$\int_0^{\frac{1}{2}} dx < \int_0^{\frac{1}{2}} \frac{dx}{\sqrt{1-x^3}} < \int_0^{\frac{1}{2}} \frac{dx}{\sqrt{1-x^2}}$$

$$\therefore \quad \frac{1}{2} < \int_0^{\frac{1}{2}} \frac{dx}{\sqrt{1-x^3}} < \frac{\pi}{6}$$

159 (1) $\displaystyle\int_0^{\frac{\pi}{2}} f(t)\,dt = c$ とおけ.

$$f(x) = \cos x - \frac{2}{\pi - 2}$$

(2) $\displaystyle\int_{-1}^1 x^2 f(t)dt = x^2 \int_{-1}^1 f(t)\,dt$ に注意せよ.

$$f(x) = 6x^2 + 1$$

❷ 積分の計算

Basic

160 (1) $-\dfrac{1}{5}(\cos x + 2)^5$ (2) $\dfrac{2}{3}\sqrt{3x+5}$

(3) $\dfrac{2}{9}\sqrt{(x^3+1)^3}$ (4) $\dfrac{1}{4}(\log x)^4$

161 (1) $\log(\sin x + 3)$ (2) $\dfrac{1}{2}\log(e^{2x}+3)$

(3) $\log|x^3+1|$ (4) $\dfrac{1}{2}\log|x^2+4x-5|$

162 (1) $\dfrac{33}{10}$ (2) $\sqrt{5}-1$ (3) $\dfrac{15}{64}$

(4) $\dfrac{1}{2}$

163 (1) $-(x+2)\cos x + \sin x$

(2) $\dfrac{1}{25}(5x-1)e^{5x}$

164 (1) $\dfrac{1}{3}x^3\log x - \dfrac{1}{9}x^3$

(2) $-\dfrac{1}{2x^2}\log x - \dfrac{1}{4x^2}$

165 (1) $-x^2\cos x + 2x\sin x + 2\cos x$

(2) $\dfrac{1}{3}x^2\sin 3x + \dfrac{2}{9}x\cos 3x - \dfrac{2}{27}\sin 3x$

166 (1) $1 - \dfrac{2}{e}$ (2) $\dfrac{\pi}{4}$

(3) $\dfrac{1}{4}(e^2+1)$ (4) $\dfrac{\pi^2}{4} - 2$

167 (1) $-\dfrac{1}{2(x-1)^2} - \dfrac{1}{3(x-1)^3} = -\dfrac{3x-1}{6(x-1)^3}$

(2) $\dfrac{2}{5}\sqrt{(x+3)^5} - 2\sqrt{(x+3)^3}$

$$= \frac{2}{5}(x-2)\sqrt{(x+3)^3}$$

168 (1) $\dfrac{\pi}{2}$ (2) $\dfrac{2}{3}\pi - \dfrac{\sqrt{3}}{2}$

169 (1) $\dfrac{e^{4x}}{20}(4\sin 2x - 2\cos 2x)$

(2) $\dfrac{e^{-x}}{10}(-\cos 3x + 3\sin 3x)$

170 (1) $x^2 + x - \log|x+2|$

(2) $\dfrac{1}{4}\log\left|\dfrac{x-3}{x+1}\right|$

171 (1) $a=-1,\ b=5,\ c=3$

(2) $-\log|x| - \dfrac{5}{x} + 3\log|x-1|$

172 (1) $\dfrac{1}{6}\log\left|\dfrac{x-3}{x+3}\right|$ (2) $-\dfrac{1}{8}\log\left|\dfrac{x-4}{x+4}\right|$

173 (1) $\dfrac{1}{2}\left(x\sqrt{x^2+2} + 2\log(x+\sqrt{x^2+2})\right)$

(2) $\dfrac{1}{2}\left(x\sqrt{x^2-5} - 5\log|x+\sqrt{x^2-5}|\right)$

174 2π

175 (1) $1 + \dfrac{3}{2}\log\sqrt{3} = 1 + \dfrac{3}{4}\log 3$

(2) $-7 + 6x - x^2 = 2 - (x-3)^2$ を用いよ.

$$\frac{1}{2} + \frac{\pi}{4}$$

176 (1) $-\dfrac{1}{18}\cos 9x - \dfrac{1}{6}\cos 3x$

(2) $-\dfrac{1}{12}\sin 6x + \dfrac{1}{4}\sin 2x$

177 (1) $\dfrac{35}{256}\pi$ (2) $\dfrac{16}{35}$ (3) $\dfrac{2}{15}$

(4) $\dfrac{3}{8}\pi$

Check

178 (1) $-\dfrac{1}{4(x^2+3x+1)^4}$

(2) $\dfrac{2}{3}\sqrt{(\sin x + 2)^3}$

(3) $\log|e^{3x} + 4x - 1|$

(4) $-\dfrac{1}{2(\log x)^2}$

(5) $-\dfrac{1}{3}\log|\cos(3x+2)|$

(6) $\dfrac{1}{2}(\tan x+1)^2$　　　　⟹160,161

179 (1) $(x+1)\sin x+\cos x$

(2) $-\dfrac{1}{2}xe^{-2x}-\dfrac{1}{4}e^{-2x}$

(3) $(x+3)\log(x+3)-x$

(4) $(1-x^2)\cos x+2x\sin x$　　⟹163,164,165

180 (1) $\dfrac{15}{8}$　　　　　(2) $\dfrac{1}{16}(3e^4+1)$

(3) $\dfrac{1}{2}(e^2-1)$　　　(4) $\log\dfrac{\log 3+2}{\log 3+1}$

　　　　　　　　　　　　⟹162,166

181 (1) $\dfrac{1}{2}x^2-3x+\dfrac{3}{2}\log|2x+1|$

(2) $\dfrac{1}{3}\log|x-1|+\dfrac{2}{3}\log|x+2|$

(3) $\dfrac{1}{12}\log\left|\dfrac{3x-2}{3x+2}\right|$

(4) $x+2\log(x^2+4)$　　　⟹170,171,172

182 (1) $\dfrac{1}{6}\sqrt{(2x+1)^3}-\dfrac{1}{2}\sqrt{2x+1}$
$$=\dfrac{1}{3}(x-1)\sqrt{2x+1}$$

(2) $\dfrac{e^{3x}}{34}(3\cos 5x+5\sin 5x)$

(3) $\dfrac{1}{2}\left(x\sqrt{x^2-1}-\log|x+\sqrt{x^2-1}|\right)$

(4) $\dfrac{1}{10}\sin 5x+\dfrac{1}{2}\sin x$

　　　　　　　　⟹167,169,173,176

183 (1) $\dfrac{\pi}{4}-\dfrac{1}{2}$　　　(2) $2\sqrt{3}+\dfrac{4}{3}\pi$

(3) $\sqrt{3}-\dfrac{1}{2}\log(2+\sqrt{3})$

(4) $\dfrac{8}{105}$

　　　　　　　　⟹168,173,175,177

Step up ●●

184 (1) 与式 $=x\cos^{-1}x-\displaystyle\int x\cdot\left(-\dfrac{1}{\sqrt{1-x^2}}\right)dx$

$\qquad =x\cos^{-1}x+\displaystyle\int\dfrac{x}{\sqrt{1-x^2}}dx$

$1-x^2=t$ とおくと $-2x\,dx=dt$ だから

与式 $=x\cos^{-1}x-\dfrac{1}{2}\displaystyle\int\dfrac{dt}{\sqrt{t}}$

$\qquad =x\cos^{-1}x-\dfrac{1}{2}\displaystyle\int t^{-\frac{1}{2}}dt$

$\qquad =x\cos^{-1}x-\dfrac{1}{2}\cdot 2t^{\frac{1}{2}}$

$\qquad =x\cos^{-1}x-\sqrt{1-x^2}$

(2) 与式 $=\dfrac{1}{2}x^2\tan^{-1}x-\dfrac{1}{2}\displaystyle\int\dfrac{x^2}{1+x^2}dx$

$\qquad =\dfrac{1}{2}x^2\tan^{-1}x-\dfrac{1}{2}\displaystyle\int\left(1-\dfrac{1}{1+x^2}\right)dx$

$\qquad =\dfrac{1}{2}(x^2+1)\tan^{-1}x-\dfrac{1}{2}x$

(3) 与式 $=\dfrac{1}{2}x^2\sin^{-1}x-\dfrac{1}{2}\displaystyle\int\dfrac{x^2}{\sqrt{1-x^2}}dx$

$\qquad =\dfrac{1}{2}x^2\sin^{-1}x+\dfrac{1}{2}\displaystyle\int\dfrac{(1-x^2)-1}{\sqrt{1-x^2}}dx$

$\qquad =\dfrac{1}{2}x^2\sin^{-1}x+\dfrac{1}{2}\displaystyle\int\sqrt{1-x^2}\,dx$

$\qquad\qquad -\dfrac{1}{2}\displaystyle\int\dfrac{dx}{\sqrt{1-x^2}}$

$\qquad =\dfrac{1}{2}x^2\sin^{-1}x+\dfrac{1}{4}\left(x\sqrt{1-x^2}+\sin^{-1}x\right)$

$\qquad\qquad -\dfrac{1}{2}\sin^{-1}x$

$\qquad =\dfrac{1}{4}(2x^2-1)\sin^{-1}x+\dfrac{1}{4}x\sqrt{1-x^2}$

185 (1) $x=3\tan\theta$ とおく.

与式 $=\displaystyle\int_0^{\frac{\pi}{6}}\dfrac{\frac{3}{\cos^2\theta}}{\frac{81}{\cos^4\theta}}d\theta=\dfrac{1}{27}\displaystyle\int_0^{\frac{\pi}{6}}\cos^2\theta\,d\theta$

$\qquad =\dfrac{1}{54}\displaystyle\int_0^{\frac{\pi}{6}}(1+\cos 2\theta)\,d\theta$

$\qquad =\dfrac{1}{54}\left[\theta+\dfrac{1}{2}\sin 2\theta\right]_0^{\frac{\pi}{6}}=\dfrac{1}{54}\left(\dfrac{\pi}{6}+\dfrac{\sqrt{3}}{4}\right)$

(2) $x=\sqrt{3}\tan\theta$ とおく.

与式 $=\displaystyle\int_0^{\frac{\pi}{3}}\dfrac{\frac{\sqrt{3}}{\cos^2\theta}}{\frac{9\sqrt{3}}{\cos^5\theta}}d\theta=\dfrac{1}{9}\displaystyle\int_0^{\frac{\pi}{3}}\cos^3\theta\,d\theta$

$\qquad =\dfrac{1}{9}\displaystyle\int_0^{\frac{\pi}{3}}(1-\sin^2\theta)\cos\theta\,d\theta$

$\qquad =\dfrac{1}{9}\left[\sin\theta-\dfrac{1}{3}\sin^3\theta\right]_0^{\frac{\pi}{3}}=\dfrac{\sqrt{3}}{24}$

186 (1) $\displaystyle\int_0^{\pi}\sqrt{1-\cos 2x}\,dx=\displaystyle\int_0^{\pi}\sqrt{2\sin^2 x}\,dx$

$\qquad =\sqrt{2}\displaystyle\int_0^{\pi}\sin x\,dx=2\sqrt{2}$

(2) $\displaystyle\int_0^{\frac{\pi}{2}}\sqrt{1-\sin x}\,dx$

$\qquad =\displaystyle\int_0^{\frac{\pi}{2}}\sqrt{1-\cos\left(\dfrac{\pi}{2}-x\right)}\,dx$

$\qquad =\displaystyle\int_0^{\frac{\pi}{2}}\sqrt{2\sin^2\left(\dfrac{\pi}{4}-\dfrac{x}{2}\right)}\,dx$

$$= \sqrt{2} \int_0^{\frac{\pi}{2}} \sin\left(\frac{\pi}{4} - \frac{x}{2}\right) dx = 2\sqrt{2} - 2$$

187 部分積分法を用いる.

$$I_n = x^n e^x - \int e^x (x^n)' dx$$

$$= x^n e^x - n \int e^x x^{n-1} dx = x^n e^x - n I_{n-1}$$

$$I_0 = \int e^x dx = e^x$$

$$I_1 = x e^x - I_0 = x e^x - e^x = (x-1)e^x$$

$$I_2 = x^2 e^x - 2 I_1 = (x^2 - 2x + 2)e^x$$

$$I_3 = x^3 e^x - 3 I_2 = (x^3 - 3x^2 + 6x - 6)e^x$$

188 部分積分法を用いる.

$$I_n = \frac{x}{(1-x^2)^{\frac{n}{2}}} + n \int \frac{-x^2}{(1-x^2)^{\frac{n+2}{2}}} dx$$

$$= \frac{x}{(1-x^2)^{\frac{n}{2}}} + n \int \frac{(1-x^2) - 1}{(1-x^2)^{\frac{n+2}{2}}} dx$$

$$= \frac{x}{(1-x^2)^{\frac{n}{2}}} + n(I_n - I_{n+2})$$

Plus ●●●

1 定積分の定義式の利用

189 (1) $\displaystyle \lim_{n \to \infty} \frac{1}{n} \sum_{k=1}^{n} \left(\frac{k}{n}\right)^4 = \int_0^1 x^4 \, dx$ を用いよ. $\dfrac{1}{5}$

(2) $\displaystyle \lim_{n \to \infty} \frac{1}{n} \sum_{k=1}^{n} \frac{1}{1 + \left(\frac{k}{n}\right)^2} = \int_0^1 \frac{dx}{1+x^2}$ を用いよ. $\dfrac{\pi}{4}$

190 $\displaystyle \lim_{n \to \infty} \frac{1}{n} \sum_{k=1}^{n} \frac{1}{\sqrt{1 + \left(\frac{k}{n}\right)^2}} = \int_0^1 \frac{dx}{\sqrt{1+x^2}}$ を用いよ. $\log(1 + \sqrt{2})$

191 (1) $\dfrac{1}{2^2} + \dfrac{1}{3^2} + \cdots + \dfrac{1}{n^2} < \displaystyle\int_1^n \frac{1}{x^2} dx$
を用いよ.

(2) $1 + \dfrac{1}{\sqrt{2}} + \dfrac{1}{\sqrt{3}} + \cdots + \dfrac{1}{\sqrt{n}}$
$$> \int_1^{n+1} \frac{1}{\sqrt{x}} dx$$
$\dfrac{1}{\sqrt{2}} + \dfrac{1}{\sqrt{3}} + \cdots + \dfrac{1}{\sqrt{n}} < \displaystyle\int_1^n \frac{1}{\sqrt{x}} dx$
を用いよ.

2 部分分数分解

192 (1) 被積分関数を $\dfrac{a}{x+1} + \dfrac{b}{(x+1)^2} + \dfrac{c}{x+2}$
とおく. $(x+1)^2(x+2)$ を掛けて係数を比べると

$$a + c = 1, \ 3a + b + 2c = 1,$$
$$2a + 2b + c = 2$$

これから $a = -3, \ b = 2, \ c = 4$

$$\int \left\{ -\frac{3}{x+1} + \frac{2}{(x+1)^2} + \frac{4}{x+2} \right\} dx$$

$$= \log \frac{(x+2)^4}{|x+1|^3} - \frac{2}{x+1}$$

(2) $\dfrac{1}{x^3 + 1} = \dfrac{a}{x+1} + \dfrac{bx+c}{x^2 - x + 1}$ とおくと

$$a = \frac{1}{3}, \ b = -\frac{1}{3}, \ c = \frac{2}{3}$$

$$\frac{1}{x^3 + 1} = \frac{\frac{1}{3}}{x+1} + \frac{-\frac{1}{3}x + \frac{2}{3}}{x^2 - x + 1}$$

$$= \frac{\frac{1}{3}}{x+1} + \frac{-\frac{1}{6}(2x-1)}{x^2 - x + 1} + \frac{\frac{1}{2}}{\left(x - \frac{1}{2}\right)^2 + \frac{3}{4}}$$

$$\frac{1}{6} \log \frac{(x+1)^2}{x^2 - x + 1} + \frac{1}{\sqrt{3}} \tan^{-1}\left(\frac{2x-1}{\sqrt{3}}\right)$$

3 三角関数の積分

193 (1) $\displaystyle\int \frac{2}{t^2 + 3} \, dt = \frac{2}{\sqrt{3}} \tan^{-1}\left(\frac{1}{\sqrt{3}} \tan \frac{x}{2}\right)$

(2) $\displaystyle\int \frac{1}{t+1} \, dt = \log\left|\tan \frac{x}{2} + 1\right|$

(3) $\displaystyle\int \frac{2}{t^2 + 5} \, dt = \frac{2}{\sqrt{5}} \tan^{-1}\left(\frac{1}{\sqrt{5}} \tan \frac{x}{2}\right)$

(4) $\displaystyle\int \frac{4t}{(t^2 + 1)(t+1)^2} \, dt$

$$= \int \left\{ \frac{2}{t^2 + 1} - \frac{2}{(t+1)^2} \right\} dt$$

$$= x + \frac{2}{\tan \frac{x}{2} + 1}$$

4 シュワルツの不等式

194 $[0, \ 1]$ において $f(x) > 0$ だから, $\sqrt{f(x)}$ と $\dfrac{1}{\sqrt{f(x)}}$ にシュワルツの不等式を適用すると

$$1 = \left\{ \int_0^1 \sqrt{f(x)} \cdot \frac{1}{\sqrt{f(x)}} dx \right\}^2$$

$$\leqq \int_0^1 f(x)dx \int_0^1 \frac{dx}{f(x)}$$

195 $f(x) = 1,\ g(x) = \dfrac{1}{x}$ にシュワルツの不等式を適

用すると

$$\left(\int_a^b 1 \cdot \frac{1}{x}dx\right)^2 \leqq \int_a^b 1\,dx \int_a^b \frac{1}{x^2}dx$$

$$\left(\left[\log x\right]_a^b\right)^2 \leqq \left[x\right]_a^b \cdot \left[-\frac{1}{x}\right]_a^b$$

$$(\log b - \log a)^2 \leqq (b-a)\left(-\frac{1}{b} + \frac{1}{a}\right)$$

$$\left(\log \frac{b}{a}\right)^2 \leqq \frac{(b-a)^2}{ab}$$

5　いろいろな問題

196 (1) 与式 $= \displaystyle\int (1 + \tan^2 x)\sec^2 x\,dx$

$$= \int (\sec^2 x + \tan^2 x \sec^2 x)\,dx$$

$$= \tan x + \frac{1}{3}\tan^3 x$$

(2) $2x - x^2 = t$ と置換せよ．$-\sqrt{2x - x^2}$

(3) $\dfrac{x^3 + 3}{x^2 - 2x + 2} = x + 2 + \dfrac{2x - 1}{x^2 - 2x + 2}$

$$= x + 2 + \frac{2x - 2}{x^2 - 2x + 2} + \frac{1}{(x-1)^2 + 1}$$

$$\therefore\quad \frac{x^2}{2} + 2x + \log(x^2 - 2x + 2)$$

$$+ \tan^{-1}(x-1)$$

(4) $\dfrac{x^4}{x^2 + 2x + 1} = x^2 - 2x + 3 + \dfrac{-4x - 3}{x^2 + 2x + 1}$

$$= x^2 - 2x + 3 + \frac{-4}{x+1} + \frac{1}{(x+1)^2}$$

$$\therefore\quad \frac{x^3}{3} - x^2 + 3x - 4\log|x+1| - \frac{1}{x+1}$$

(5) $\dfrac{1 - \cos x}{\sin x} = \dfrac{(1 - \cos x)(1 + \cos x)}{\sin x(1 + \cos x)}$

$$= \frac{1 - \cos^2 x}{\sin x(1 + \cos x)} = \frac{\sin x}{1 + \cos x}$$

$$\therefore\quad -\log(1 + \cos x)$$

(6) $x^2 = t$ とおくと　$2x\,dx = dt$

部分積分法を用いて

与式 $= \dfrac{1}{2}\displaystyle\int te^t\,dt = \dfrac{1}{2}te^t - \dfrac{1}{2}\int 1 \cdot e^t\,dt$

$$= \frac{1}{2}te^t - \frac{1}{2}e^t = \frac{1}{2}x^2 e^{x^2} - \frac{1}{2}e^{x^2}$$

197 (1) $x = \dfrac{t^2 - 1}{t^2 + 1},\ \dfrac{dx}{dt} = \dfrac{4t}{(t^2 + 1)^2}$

(2) 44 ページの例題の結果を用いよ．

$$I = \int \frac{4t^2}{(t^2 + 1)^2}\,dt$$

$$= 4\int \left\{\frac{1}{t^2 + 1} - \frac{1}{(t^2 + 1)^2}\right\}\,dt$$

$$= 2\tan^{-1}\sqrt{\frac{1+x}{1-x}} - \sqrt{1 - x^2}$$

198 (1) 与式 $= \displaystyle\int_0^{\frac{\pi}{2}} \cos^5\theta \cdot \cos\theta\,d\theta$

$$= \frac{5}{6} \cdot \frac{3}{4} \cdot \frac{1}{2} \cdot \frac{\pi}{2} = \frac{5}{32}\pi$$

(2) 与式 $= \displaystyle\int_{\frac{\pi}{6}}^{\frac{\pi}{4}} \frac{2\cos\theta\,d\theta}{(2\sin\theta)^2 \cdot 2\cos\theta}$

$$= \frac{1}{4}\int_{\frac{\pi}{6}}^{\frac{\pi}{4}} \frac{d\theta}{\sin^2\theta} = \frac{1}{4}\left[-\cot\theta\right]_{\frac{\pi}{6}}^{\frac{\pi}{4}}$$

$$= \frac{\sqrt{3} - 1}{4}$$

199 2 倍角の公式と 3 倍角の公式より

$$\sin x + \sin 2x + \sin 3x$$

$$= \sin x + 2\sin x\cos x + 3\sin x - 4\sin^3 x$$

$$= \sin x(1 + 2\cos x + 3 - 4\sin^2 x)$$

$$= 2\sin x\{2 + \cos x - 2(1 - \cos^2 x)\}$$

$$= 2\sin x\cos x(1 + 2\cos x)$$

$0 \leqq x \leqq \dfrac{\pi}{2},\ \dfrac{2}{3}\pi \leqq x \leqq \pi$ のとき

$$\sin x + \sin 2x + \sin 3x \geqq 0$$

$\dfrac{\pi}{2} \leqq x \leqq \dfrac{2}{3}\pi$ のとき

$$\sin x + \sin 2x + \sin 3x \leqq 0$$

よって

与式 $= \displaystyle\int_0^{\frac{\pi}{2}} (\sin x + \sin 2x + \sin 3x)\,dx$

$$- \int_{\frac{\pi}{2}}^{\frac{2}{3}\pi} (\sin x + \sin 2x + \sin 3x)\,dx$$

$$+ \int_{\frac{2}{3}\pi}^{\pi} (\sin x + \sin 2x + \sin 3x)\,dx$$

$$= \frac{17}{6}$$

200 $\sin x - k\cos x$ を 1 つの三角関数で表すと

$$\sin x - k\cos x = \sqrt{k^2 + 1}\sin(x + \alpha)$$

ただし　$\cos\alpha = \dfrac{1}{\sqrt{k^2 + 1}},\ \sin\alpha = -\dfrac{k}{\sqrt{k^2 + 1}}$

$0 \leqq x \leqq 2\pi - \alpha$ のとき　$\sin x - k\cos x \leqq 0$

$2\pi - \alpha \leqq x \leqq \dfrac{\pi}{2}$ のとき　$\sin x - k\cos x \geqq 0$

よって

与式 $= -\displaystyle\int_0^{2\pi-\alpha} \sqrt{k^2+1}\,\sin(x+\alpha)\,dx$

$\qquad + \displaystyle\int_{2\pi-\alpha}^{\frac{\pi}{2}} \sqrt{k^2+1}\,\sin(x+\alpha)\,dx$

$= \sqrt{k^2+1}\Big[\cos(x+\alpha)\Big]_0^{2\pi-\alpha}$

$\quad - \sqrt{k^2+1}\Big[\cos(x+\alpha)\Big]_{2\pi-\alpha}^{\frac{\pi}{2}}$

$= \sqrt{k^2+1}\,(\cos 2\pi - \cos\alpha)$

$\quad - \sqrt{k^2+1}\Big\{\cos\Big(\dfrac{\pi}{2}+\alpha\Big) - \cos 2\pi\Big\}$

$= \sqrt{k^2+1}\,(1 - \cos\alpha + \sin\alpha + 1)$

$= \sqrt{k^2+1}\,\Big(1 - \dfrac{1}{\sqrt{k^2+1}} - \dfrac{k}{\sqrt{k^2+1}} + 1\Big)$

$= 2\sqrt{k^2+1} - k - 1$

201 $\sqrt[3]{x} = t$ とおくと $dx = 3t^2\,dt$ だから

与式 $= \displaystyle\int_0^1 \dfrac{3t^2}{t^3 + t^2 + t}\,dt = \int_0^1 \dfrac{3t}{t^2 + t + 1}\,dt$

$= \dfrac{3}{2}\displaystyle\int_0^1 \dfrac{2t+1}{t^2+t+1}\,dt$

$\quad - \dfrac{3}{2}\displaystyle\int_0^1 \dfrac{1}{\Big(t + \dfrac{1}{2}\Big)^2 + \dfrac{3}{4}}\,dt$

$= \dfrac{3}{2}\Big[\log(t^2 + t + 1)\Big]_0^1 - \sqrt{3}\left[\tan^{-1}\dfrac{t + \dfrac{1}{2}}{\dfrac{\sqrt{3}}{2}}\right]_0^1$

$= \dfrac{3}{2}\log 3 - \dfrac{\sqrt{3}}{6}\pi$

202 (1) $\dfrac{\pi}{2} - x = t$ とおくと

$\qquad x = \dfrac{\pi}{2} - t,\ dx = -dt$

x	$0 \longrightarrow \frac{\pi}{2}$
t	$\frac{\pi}{2} \longrightarrow 0$

よって

$A = \displaystyle\int_{\frac{\pi}{2}}^0 \dfrac{\sin\big(\frac{\pi}{2}-t\big)}{\sin\big(\frac{\pi}{2}-t\big) + \cos\big(\frac{\pi}{2}-t\big)}\,(-dt)$

$\quad = \displaystyle\int_0^{\frac{\pi}{2}} \dfrac{\cos t}{\cos t + \sin t}\,dt = B$

(2) $A + B = \displaystyle\int_0^{\frac{\pi}{2}} \dfrac{\sin x + \cos x}{\sin x + \cos x}\,dx = \int_0^{\frac{\pi}{2}} dx$

$\qquad\qquad = \dfrac{\pi}{2}$

(1) より $A = B$ だから $\quad A = \dfrac{\pi}{4}$

(3) $A = \displaystyle\int_0^{\frac{\pi}{2}} \dfrac{\sin^3 x}{\sin x + \cos x}\,dx$,

$\qquad B = \displaystyle\int_0^{\frac{\pi}{2}} \dfrac{\cos^3 x}{\sin x + \cos x}\,dx$

とし, $\dfrac{\pi}{2} - x = t$ とおくと

$A = \displaystyle\int_{\frac{\pi}{2}}^0 \dfrac{\sin^3\big(\frac{\pi}{2}-t\big)}{\sin\big(\frac{\pi}{2}-t\big) + \cos\big(\frac{\pi}{2}-t\big)}\,(-dt)$

$\quad = \displaystyle\int_0^{\frac{\pi}{2}} \dfrac{\cos^3 t}{\cos t + \sin t}\,dt = B$

したがって

$\displaystyle\int_0^{\frac{\pi}{2}} \dfrac{\sin^3 x}{\sin x + \cos x}\,dx = \int_0^{\frac{\pi}{2}} \dfrac{\cos^3 x}{\sin x + \cos x}\,dx$

よって

$\displaystyle\int_0^{\frac{\pi}{2}} \dfrac{\sin^3 x + \cos^3 x}{\sin x + \cos x}\,dx$

$= \displaystyle\int_0^{\frac{\pi}{2}} (1 - \sin x \cos x)\,dx$

$= \displaystyle\int_0^{\frac{\pi}{2}} \Big(1 - \dfrac{1}{2}\sin 2x\Big)\,dx$

$= \Big[x + \dfrac{1}{4}\cos 2x\Big]_0^{\frac{\pi}{2}} = \dfrac{\pi}{2} - \dfrac{1}{2}$

$\therefore\quad$ 与式 $= \dfrac{\pi}{4} - \dfrac{1}{4}$

4 章 積分の応用

1 面積・曲線の長さ・体積

Basic

203 (1) $\dfrac{32}{3}$ (2) $\dfrac{8}{3}$

(3) $\dfrac{5}{12}$

204 (1) $\dfrac{1}{2}$ (2) $e^2 + e + \dfrac{1}{e} + \dfrac{1}{e^2} - 4$

205 $2\sqrt{e} - \dfrac{2}{\sqrt{e}}$

206 (1) $\dfrac{19}{3}$ (2) $\dfrac{59}{24}$

207 $\dfrac{8\sqrt{2}}{5}$

208 (1) $\pi \log 5$ (2) 18π

Check

209 (1) $\dfrac{27}{2}$

(2) $2\log 2 - \log 3 + \dfrac{1}{4}$ ⇨ 203,204

210 (1) $\dfrac{335}{27}$ (2) $3\sqrt{3}$ ⇨ 205,206

211 $\dfrac{2\sqrt{3}}{3}r^3$　　　　　　　　　　　⇒207

212 (1) $\dfrac{5}{32}\pi^2$　　　　(2) $\dfrac{4}{3}\pi$　　⇒208

213 (1) $\dfrac{\pi}{2}$　　　　(2) $\dfrac{\pi}{6}$　　⇒208

Step up ●●

214 (1) $y = -x - 2$　　　(2) $(-2,\ 0)$

(3) $\dfrac{27}{4}$

215 $(t,\ t^2+1)$ における接線の方程式は

$$y = 2tx - t^2 + 1$$

放物線 $y = x^2$ との交点の x 座標は $t-1,\ t+1$

囲まれた図形の面積は

$$\int_{t-1}^{t+1}(2tx - t^2 + 1 - x^2)dx = \frac{4}{3}$$

となるから，t によらず一定である．

216 点 P の座標を $(x,\ 0)$ とすると　　$QR = 4\sqrt{x}$

二等辺三角形の等辺を a とすると，余弦定理より

$$16x = 2a^2 - 2a^2 \cos 30° = (2 - \sqrt{3})a^2$$

$$a^2 = \frac{16x}{2 - \sqrt{3}} = 16(2 + \sqrt{3})x$$

よって，二等辺三角形の面積は

$$\frac{1}{2} \cdot a^2 \sin 30° = 4(2 + \sqrt{3})x$$

したがって，求める体積は

$$\int_0^1 4(2 + \sqrt{3})x\,dx = 2(2 + \sqrt{3})$$

217 (1) $y = (1 - \sqrt{x})^2$ を用いよ.　　$\dfrac{1}{6}$

(2) $\dfrac{\pi}{15}$

218 (1) $2x^2 + 3x - 1 = 0$ を解の公式で解くと

$$x = \frac{-3 \pm \sqrt{17}}{4}$$

2 解を $\alpha,\ \beta$ とすると

$$(\beta - \alpha)^2 = \frac{17}{4}$$

よって，面積は

$$\frac{1}{6} \cdot 2(\beta - \alpha)^3 = \frac{1}{6} \cdot 2 \cdot \left(\frac{17}{4}\right)^{\frac{3}{2}} = \frac{17\sqrt{17}}{24}$$

(2) $(x + 3)(x - 1) = -\dfrac{1}{2}x + 2$ の 2 解を用いて

(1) と同様にせよ.　　$\dfrac{35\sqrt{105}}{16}$

219 $x^2 = mx + 1$ を変形すると　　$x^2 - mx - 1 = 0$

前問と同様にせよ.　　$\dfrac{1}{6}(m^2 + 4)\sqrt{m^2 + 4}$

220 面積を S とし，接線の方程式を $y = px + q$ とおく.

$\alpha < \beta$ のとき

$$(px + q) - (ax^3 + bx^2 + cx + d)$$
$$= -a(x - \alpha)^2(x - \beta)$$

よって，部分積分法により

$$S = \int_\alpha^\beta \left\{ -a(x - \alpha)^2(x - \beta) \right\} dx$$
$$= -a\left\{ \left[\frac{1}{3}(x - \alpha)^3(x - \beta)\right]_\alpha^\beta \right.$$
$$\left. - \int_\alpha^\beta \frac{1}{3}(x - \alpha)^3 dx \right\}$$
$$= \frac{1}{12}a(\beta - \alpha)^4$$

また，$\alpha > \beta$ のときは

$$(ax^3 + bx^2 + cx + d) - (px + q)$$
$$= a(x - \alpha)^2(x - \beta)$$

よって

$$S = \int_\beta^\alpha a(x - \alpha)^2(x - \beta)\,dx$$
$$= \frac{1}{12}a(\beta - \alpha)^4$$

221 $\displaystyle\int_{-1}^1 \left\{ 0 - (y^2 - 1) \right\} dy = \frac{4}{3}$

222 $\displaystyle\int_0^2 \pi x^2\,dy = \int_0^2 \pi y\,dy = 2\pi$

223 水面の高さを h とすると，水量は

$$\int_0^h \pi x^2\,dy = \int_0^h \pi \sqrt{y}\,dy = \frac{2}{3}\pi h^{\frac{3}{2}}$$
$$\frac{2}{3}\pi h^{\frac{3}{2}} = 60.75\pi \times 8 \text{ より } h = 81$$

---

② **いろいろな応用**

Basic ●

224 (1) $\dfrac{1}{2}$　　　　(2) $\dfrac{1}{2}\pi ab$

225 (1) 14

(2) $\dfrac{1}{2}\left\{ \pi\sqrt{\pi^2 + 1} + \log\left(\pi + \sqrt{\pi^2 + 1}\right) \right\}$

226 $\dfrac{4}{3}\pi ab^2$

227 (1) $\dfrac{\pi}{15}$　　　　　(2) $\dfrac{8}{15}\pi$

228 (1) $(-2\sqrt{3},\ 2)$　　(2) $(0,\ -5)$

　　　(3) $(-\sqrt{2},\ -\sqrt{2})$

229 (1) $\left(\sqrt{2},\ \dfrac{3}{4}\pi\right)$　　(2) $(3,\ \pi)$

　　　(3) $\left(2\sqrt{3},\ \dfrac{5}{3}\pi\right)$ または $\left(2\sqrt{3},\ -\dfrac{\pi}{3}\right)$

230 (1) 原点を中心とする

　　　半径 2 の円

　　　(2) 図の半直線

231 (1)　　　　　　　(2)

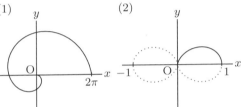

232 (1) $\dfrac{\pi^7}{14}$　　　　　(2) $\dfrac{9}{2}\pi$

233 (1) $\dfrac{\sqrt{5}}{2}(e^{2\pi}-1)$　　(2) $\dfrac{\pi}{2}$

234 (1) $2\sqrt{2}$　　(2) $\dfrac{\pi}{3}$　　(3) $\dfrac{5}{4}$

235 (1) $\dfrac{1}{24}$　　(2) $\dfrac{1}{5}$　　(3) $\dfrac{\pi}{\sqrt{3}}$

236 (1) $6\cos\left(3t+\dfrac{\pi}{4}\right)-2\sqrt{2}$

　　　(2) $2\sin\left(3t+\dfrac{\pi}{4}\right)-2\sqrt{2}\,t-\sqrt{2}$

237 $x(t)=x_0 e^{-kt}$

Check

238 (1) $\dfrac{16}{5}$　　　　　(2) $\dfrac{2}{5}e^5+e^2-\dfrac{7}{5}$

　　　　　　　　　　　　⇨224

239 (1) $5\sqrt{5}-8$　　　(2) $\sqrt{2}\left(1-\dfrac{1}{e^{2\pi}}\right)$

　　　　　　　　　　　　　　　　⇨225

240 (1) $\dfrac{16}{35}\pi$　　　　(2) $\dfrac{\pi}{2}(e^2+1)$

　　　　　　　　　　　　　　　⇨226,227

241 (1) $\left(\dfrac{1}{\sqrt{2}},\ \dfrac{1}{\sqrt{2}}\right)$　　(2) $(-1,\ -\sqrt{3})$

　　　(3) $(0,\ 3)$　　　　　　　⇨228

242 (1) $\left(2,\ \dfrac{\pi}{3}\right)$　　　　(2) $(5,\ 0)$

　　　(3) $\left(2,\ \dfrac{7\pi}{4}\right)$ または $\left(2,\ -\dfrac{\pi}{4}\right)$　　⇨229

243 (1)　　　　　　　(2)

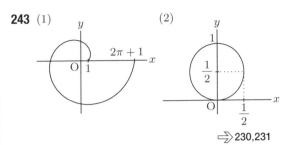

　　　　　　　　　　　　　　⇨230,231

244 (1) $\dfrac{\pi^3}{48}+\dfrac{\pi^2}{8}+\dfrac{\pi}{4}$　(2) $\dfrac{\pi}{2}$　⇨232

245 (1) $\dfrac{2}{3}\pi$　　　　　(2) $\dfrac{16}{3}$　　⇨233

246 (1) 6　　　　　　(2) $\dfrac{1}{5}$　　⇨234,235

247 (1) $1-\dfrac{1}{e^2}$　　　(2) $\dfrac{4}{\pi}$　　⇨236

Step up ●●

248 $\dfrac{dx}{dt}=1-\dfrac{1}{t^2}\geqq 0$

曲線は図のようになる.

　（実際 $x,\ y$ から t を消

去すると $x^2-y^2=4$ と

なり, 双曲線の一部とな

ることがわかる.)

$$\int_2^{\frac{5}{2}} y\,dx=\int_1^2\left(t-\dfrac{1}{t}\right)\dfrac{dx}{dt}\,dt=\dfrac{15}{8}-2\log 2$$

249 (1) $v(t)=\displaystyle\int_0^t\left(1-\sqrt{t}\right)dt=t-\dfrac{2}{3}t^{\frac{3}{2}}$

　　　　　　$=-\dfrac{2}{3}t\left(\sqrt{t}-\dfrac{3}{2}\right)$

　　　$0<t<\dfrac{9}{4}$ で　$v(t)>0$

　　　$\dfrac{9}{4}<t<9$ で　$v(t)<0$

$$\int_0^{\frac{9}{4}}\left(t-\dfrac{2}{3}t^{\frac{3}{2}}\right)dt-\int_{\frac{9}{4}}^9\left(t-\dfrac{2}{3}t^{\frac{3}{2}}\right)dt=\dfrac{405}{16}$$

　　　(2) $v(t)=\displaystyle\int_0^t\cos\dfrac{\pi}{2}t\,dt=\dfrac{2}{\pi}\sin\dfrac{\pi}{2}t$

　　　$0<t<2$ で　$v(t)>0$

　　　$2<t<3$ で　$v(t)<0$

$$\int_0^2 \frac{2}{\pi} \sin \frac{\pi}{2} t\, dt - \int_2^3 \frac{2}{\pi} \sin \frac{\pi}{2} t\, dt = \frac{12}{\pi^2}$$

250 t 時間後の細菌の数を $N = N(t)$,

比例定数を $\lambda\ (\lambda > 0)$ とすると

$$\frac{dN}{dt} = \lambda N$$

両辺を N で割って, t について積分すると

$$\int \frac{1}{N} \frac{dN}{dt}\, dt = \int \lambda\, dt$$

これから $\log N = \lambda t + C$ （C は積分定数）

$$N(t) = e^{\lambda t + C} = e^C e^{\lambda t}$$

$N(3) = 10000$, $N(5) = 40000$ より

$$\begin{cases} e^C (e^\lambda)^3 = 10000 \\ e^C (e^\lambda)^5 = 40000 \end{cases}$$

これを解いて $e^\lambda = 2,\ e^C = 1250$

$$\therefore\quad N(0) = e^C = 1250\ (\text{個})$$

251 $\dfrac{d}{dt}(\pi r^2 h - \pi r^2 x) = k\sqrt{x}$ から

$$-\pi r^2 \frac{dx}{dt} = k\sqrt{x}$$

これから $-\pi r^2 \dfrac{1}{\sqrt{x}} \dfrac{dx}{dt} = k$

この両辺を t で積分する.

$$\int \frac{1}{\sqrt{x}} \frac{dx}{dt}\, dt = \int \frac{1}{\sqrt{x}}\, dx\ \text{より}$$

$$-2\pi r^2 \sqrt{x} = kt + C\ （C\ \text{は積分定数}）$$

$t = 0$ のとき $x = h$ であることから

$$x = \left(\frac{-kt}{2\pi r^2} + \sqrt{h} \right)^2$$

252 (1) $\displaystyle\int_0^h \pi x^2 dy = \int_0^h \pi y\, dy = \frac{1}{2}\pi h^2\ (\text{cm}^3)$

(2) $0 \leqq h \leqq 1$ のとき

$$\int_0^h \pi(y+1)dy - \int_0^h \pi(1-y)dy = \pi h^2\ (\text{cm}^3)$$

$h > 1$ のとき

$$\int_0^h \pi(y+1)dy - \int_0^1 \pi(1-y)dy$$

$$= \frac{\pi}{2}(h^2 + 2h - 1)\ (\text{cm}^3)$$

(3) t 秒後の水量は Vt

(2) から, $0 \leqq h \leqq 1$ のとき $Vt = \pi h^2$

t で微分して $V = 2\pi h \dfrac{dh}{dt}$

よって, 上昇速度は $\dfrac{dh}{dt} = \dfrac{V}{2\pi h}$ (cm/秒)

また, $h > 1$ のとき $Vt = \dfrac{\pi}{2}(h^2 + 2h - 1)$

t で微分して $V = \pi(h+1)\dfrac{dh}{dt}$

上昇速度は $\dfrac{dh}{dt} = \dfrac{V}{\pi(h+1)}$ (cm/秒)

253 (1) 与式 $= \left[-\dfrac{1}{x} \log(x+3) \right]_1^\infty$

$$- \int_1^\infty \left(-\frac{1}{x} \right) \frac{1}{x+3}\, dx$$

$$= -\lim_{x \to \infty} \frac{\log(x+3)}{x} + \log 4$$

$$+ \frac{1}{3} \int_1^\infty \left(\frac{1}{x} - \frac{1}{x+3} \right) dx$$

$$= -\lim_{x \to \infty} \frac{1}{x+3} + 2\log 2$$

$$+ \frac{1}{3} \left[\log \left| \frac{x}{x+3} \right| \right]_1^\infty$$

$$= 2\log 2$$

$$+ \frac{1}{3} \left(\lim_{x \to \infty} \log \frac{x}{x+3} - \log \frac{1}{4} \right)$$

$$= 2\log 2 + \frac{1}{3}(\log 1 + 2\log 2) = \frac{8}{3}\log 2$$

(2) $t = \log r$ とおいて置換積分を行う.

$$\int_e^\infty \frac{1}{r(\log r)^2}\, dr = \int_1^\infty \frac{1}{t^2}\, dt = 1$$

Plus ●●●

1 直交座標と極座標

254 (1) $r = 3$

(2) $r = 2(\sin\theta + \cos\theta)$

(3) $r = \dfrac{2}{\sin\theta + \cos\theta}$

(4) $r^2 \sin^2\theta - 4r\cos\theta - 4 = 0$

$$r^2(1 - \cos^2\theta) - 4r\cos\theta - 4 = 0$$

$$\big((1 + \cos\theta)r + 2\big)\big((1 - \cos\theta)r - 2\big) = 0$$

$r \geqq 0$ だから $r = \dfrac{2}{1 - \cos\theta}$

255 (1) $r - 2r\cos\theta = 2$ より

$$r^2 = (2x + 2)^2$$

これから

$$3x^2 - y^2 + 8x + 4 = 0$$

(2) $2r - r\cos\theta = 1$ より

$$4r^2 = (x + 1)^2$$

これから $3x^2 + 4y^2 - 2x - 1 = 0$

(3) $r\cos\theta = 1$ より $x = 1$

256 (1) $r^2 = 2r\sin\theta$

$x^2 + y^2 = 2y$

$x^2 + (y-1)^2 = 1$

(2) $r^2 = 4r\cos\theta$

$x^2 + y^2 = 4x$

$(x-2)^2 + y^2 = 4$

(3) $r^2 \cdot 2\sin\theta\cos\theta = -2$

$2xy = -2$

$y = -\dfrac{1}{x}$

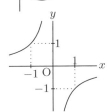

2 回転面の面積

257 (1) $\dfrac{(10\sqrt{10}-1)\pi}{27}$

(2) $\pi r\sqrt{r^2 + h^2}$

(3) $\dfrac{\pi}{2}(e^2 + 4 - e^{-2})$

258 半円 $y = \sqrt{r^2 - x^2}$ を x 軸のまわりに回転してできる回転面の面積として求めよ．

259 V は xy 平面上の直線 $y = \dfrac{r}{h}x$ $(0 \leqq x \leqq h)$ を x 軸のまわりに回転してできる回転体の体積だから

$$V = \pi\int_0^h \left(\dfrac{r}{h}x\right)^2 dx = \dfrac{1}{3}\pi r^2 h$$

また S は，同じ直線を x 軸のまわりに回転してできる回転面の面積と，半径 r の円の面積の和だから

$$S = 2\pi\int_0^h \dfrac{r}{h}x\sqrt{1 + \left(\dfrac{r}{h}\right)^2}\,dx + \pi r^2$$

$$= \pi r(l + r)$$

3 台形公式

260 0.783

4 いろいろな問題

261 (1) $h(\alpha) = \displaystyle\int_\alpha^{\alpha+1} \sqrt{1 + \left(\dfrac{e^x - e^{-x}}{2}\right)^2}\,dx$

$$= \dfrac{(e-1)(e^\alpha + e^{-\alpha-1})}{2}$$

(2) $h'(\alpha) = \dfrac{(e-1)(e^\alpha - e^{-\alpha-1})}{2} = 0$ より

$$e^\alpha - e^{-\alpha-1} = 0$$

$$\alpha = -\dfrac{1}{2}$$

α	$\cdots$	$-\dfrac{1}{2}$	$\cdots$
$h'(\alpha)$	$-$	0	$+$
$h(\alpha)$	$\searrow$	$\sqrt{e} - \dfrac{1}{\sqrt{e}}$	$\nearrow$

よって，最小値は $h\left(-\dfrac{1}{2}\right) = \sqrt{e} - \dfrac{1}{\sqrt{e}}$

262 (1) $f(x) = ax + b - \log x$ $(x > 0)$ とおくと

$f'(x) = a - \dfrac{1}{x} = 0$ となるのは $x = \dfrac{1}{a}$

x	0	$\cdots$	$\dfrac{1}{a}$	$\cdots$
$f'(x)$		$-$	0	$+$
$f(x)$		$\searrow$	$1 + b + \log a$	$\nearrow$

ただ 1 つの共有点をもつとき，最小値が 0 となるから $b = -\log a - 1$

(2) $-\log a - 1 > 0$ より $0 < a < \dfrac{1}{e}$

(3) 求める面積 S は図の色塗り部分だから，$0 < x < 1$ と $1 < x < \dfrac{1}{a}$ に分けて計算すると

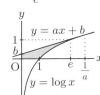

$$S = \int_0^1 (ax + b)\,dx + \int_1^{\frac{1}{a}} (ax + b - \log x)\,dx$$

$$= \dfrac{1}{2a} + \dfrac{b + \log a + 1}{a} - 1 = \dfrac{1}{2a} - 1$$

263 (1)

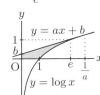

$$\int_0^{\log 3} (3 - e^x)\,dx = 3\log 3 - 2$$

(2) $t \leqq \dfrac{1}{2}\log 3$ のとき

$$\int_t^{2t} (3 - e^x)\,dx = 3t - e^{2t} + e^t$$

$t > \dfrac{1}{2}\log 3$ のとき

$$\int_t^{\log 3} (3 - e^x)\,dx = 3\log 3 - 3 - 3t + e^t$$

$$A(t) = \begin{cases} 3t - e^{2t} + e^t \\ \qquad \left(0 < t \leqq \dfrac{1}{2}\log 3\right) \\ 3\log 3 - 3 - 3t + e^t \\ \qquad \left(\dfrac{1}{2}\log 3 < t < \log 3\right) \end{cases}$$

(3) $0 < t \leqq \dfrac{1}{2}\log 3$ のとき

$$A'(t) = 3 - 2e^{2t} + e^t$$
$$= -2(e^t + 1)\left(e^t - \dfrac{3}{2}\right)$$

t	0	$\cdots$	$\log\dfrac{3}{2}$	$\cdots$	$\dfrac{1}{2}\log 3$
$A'(t)$		$+$	0	$-$	
$A(t)$		$\nearrow$	$3\log\dfrac{3}{2} - \dfrac{3}{4}$	$\searrow$	

$\dfrac{1}{2}\log 3 < t < \log 3$ のとき

$A(t)$ は単調に減少するから

最大値 $\quad 3\log\dfrac{3}{2} - \dfrac{3}{4} \quad \left(t = \log\dfrac{3}{2}\right)$

264 (1) $\dfrac{dx}{dt} = 2\sin t\cos t$ より

$\qquad 0 < t < \dfrac{\pi}{2}$ で $\dfrac{dx}{dt} > 0$

$\qquad \dfrac{\pi}{2} < t < \pi$ で $\dfrac{dx}{dt} < 0$

$\dfrac{dy}{dt} = (2\cos t - 1)(\cos t + 1)$ より

$\qquad 0 < t < \dfrac{\pi}{3}$ で $\dfrac{dy}{dt} > 0$

$\qquad \dfrac{\pi}{3} < t < \pi$ で $\dfrac{dy}{dt} < 0$

よって

$\qquad 0 < t < \dfrac{\pi}{3}$ で $\dfrac{dy}{dx} > 0$

$\qquad \dfrac{\pi}{3} < t < \dfrac{\pi}{2}$ で $\dfrac{dy}{dx} < 0$

$\qquad \dfrac{\pi}{2} < t < \pi$ で $\dfrac{dy}{dx} > 0$

また，$t = \dfrac{\pi}{3}$ で $\dfrac{dy}{dx} = 0$ である.

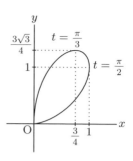

(2) $S = \displaystyle\int_0^{\frac{\pi}{2}} \left|y\dfrac{dx}{dt}\right|\,dt - \int_{\frac{\pi}{2}}^{\pi} \left|y\dfrac{dx}{dt}\right|\,dt$

$\qquad = \displaystyle\int_0^{\frac{\pi}{2}} y\dfrac{dx}{dt}\,dt - \int_{\frac{\pi}{2}}^{\pi} y\left(-\dfrac{dx}{dt}\right)\,dt$

$\qquad = \displaystyle\int_0^{\pi} y\dfrac{dx}{dt}\,dt$

$\qquad = 2\displaystyle\int_0^{\pi} \sin^2 t\cos t(1 + \cos t)\,dt$

$\qquad = 2\left(\displaystyle\int_0^{\pi} \sin^2 t\cos t\,dt + \int_0^{\pi} \sin^2 t\cos^2 t\,dt\right)$

$\qquad = \dfrac{\pi}{4}$

265 (1) $\dfrac{dy}{dx} = \dfrac{3t^2 - 1}{2t} = 0$ より $\quad t = \pm\dfrac{1}{\sqrt{3}}$

x 軸に平行な接線の接点は

$\quad t = \dfrac{1}{\sqrt{3}}$ のとき $\left(-\dfrac{2}{3}, -\dfrac{2}{3\sqrt{3}}\right)$

$\quad t = -\dfrac{1}{\sqrt{3}}$ のとき $\left(-\dfrac{2}{3}, \dfrac{2}{3\sqrt{3}}\right)$

$\quad \dfrac{dx}{dy} = \dfrac{2t}{3t^2 - 1} = 0$ より $\quad t = 0$

y 軸に平行な接線の接点は $(-1, 0)$

(2) $t = t_0, t_1\,(t_0 < t_1)$ で曲線が自分自身と交差するとすると

$\begin{cases} x = t_0{}^2 - 1 = t_1{}^2 - 1 \\ y = t_0{}^3 - t_0 = t_1{}^3 - t_1 \end{cases}$ より

$\qquad t_0{}^2 = t_1{}^2 = 1$

これより $(0, 0)$ 傾きは 1 と -1

(3)

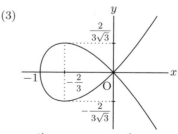

(4) $2\displaystyle\int_0^1 \left|y\dfrac{dx}{dt}\right|\,dt = 2\int_0^1 (t - t^3)2t\,dt = \dfrac{8}{15}$